儿童创意木工
——玩中学的有效方式

皮特·穆尔豪斯（Pete Moorhouse）/著

吕耀坚 储静婕 马小晴 顾梦梦 /译 王静梅 /校

Learning Through Woodwork

Introducing Creative Woodwork in the Early Years

北京师范大学出版集团
BEIJING NORMAL UNIVERSITY PUBLISHING GROUP
北京师范大学出版社

图书在版编目(CIP)数据

儿童创意木工:玩中学的有效方式/(美) 皮特·穆尔豪斯 (Pete Moorhouse) 著 ; 吕耀坚等译.-北京:北京师范大学出版社,2023.1
ISBN 978-7-303-28038-4

Ⅰ. ①儿… Ⅱ. ①皮… ②吕… Ⅲ. ①木工—儿童读物
Ⅳ. ①TU759.1-49

中国版本图书馆 CIP 数据核字(2022)第 142841 号号

北京市版权局著作权合同登记 图字:01-2021-4161 号

营销中心电话   010-58802755   58800035
编 辑 部 电话   010-58802883
图书意见反馈   gaozhifk@bnupg.com   010-58805079

出版发行: 北京师范大学出版社 www.bnup.com
           北京市西城区新街口外大街 12-3 号
           邮政编码:100088
印   刷: 鸿博睿特(天津)印刷科技有限公司
经   销: 全国新华书店
开   本: 889 mm×1194 mm   1/16
印   张: 10.25
字   数: 240 千字
版   次: 2023 年 1 月第 1 版
印   次: 2023 年 1 月第 1 次印刷
定   价: 44.80 元

策划编辑:姚贵平   责任编辑:郭 瑜
美术编辑:焦 丽   装帧设计:焦 丽
责任校对:陈 民   责任印制:陈 涛

版权声明

译者序

2020年夏天，远在美国加州州立大学（弗雷斯诺校区）教育学院的陈妃燕博士向我推荐了皮特·穆尔豪斯先生撰写的《儿童创意木工——玩中学的有效方式》一书，希望能把这本早期儿童木工教育的专著推荐给国内的早教同行。

作为一位早期儿童木工教育的推崇者、研究者与实践者，在近二十年带领团队开展早期儿童木工教育与研究的过程中，深知儿童木工教育与研究文献的稀少与珍贵。我们在细细研读这本专著后，有种如获至宝的感觉，更有迫不及待地想把它介绍给对早期儿童木工教育与研究有兴趣、有投入、会反思的早教同仁们的冲动。

《儿童创意木工——玩中学的有效方式》是一本儿童发展导向的理论与实践完美结合的儿童木工教育论著，涵盖的内容非常全面而丰富。将此论著编译成中文推荐给有志于儿童木工教育的教育研究者、实践者，还有儿童木工供应商，目的在于开阔视野，打开思路，走向专业，促成发展。但我们也担心，大家会照本宣科式地拿来就用，甚至不假思索。在学习与借鉴国外的优秀资源时，既需要考量其发生与发展的社会文化特征、历史脉络走向，也应该尊重本土文化以及相关资源在国内发展的一般状况与特征。如此才可全面地把握、理解，才能有批判、有选择地客观选用。

木工在我国有着悠久历史，在古时候被视为下等的职业，是一种谋生的手段。因此贵族一般不会学习木工这个手艺。但也有例外的情况出现，比如明朝皇帝熹宗朱由校就因为酷爱木工制作，而被人称作"木匠皇帝"。一直以来，虽然"木工"职业应用领域广泛，但木工却难以成为学校教育课程的一部分，在早教领域里的木工活动开设更是难觅行踪。清末的《奏定蒙养院章程及家庭教育法章程》提出了有关手工的规定"手技"即让幼儿学习木片、竹片、纸工、泥工、豆工及栽种花卉，使之手眼协调并发展其操作能力。在木工方面涉及"以盛长短大小各木片之匣，使儿童将此木片作房屋门户等各种形状"等的做法，其中的木工更局限于木制材料的建构范畴，同时由于当时的历史条件，其对木工实践的影响非常有限。在近现代，偶有诸如陶行知在晓庄师范里曾开设"中心木匠店"，黄炎培于1918年在上海创办的中华职业学校里，开设"木工"科，后改设为土木科。但这些学校开设的木工课程属于职业教育的范畴。我们通过对不同年龄段的成年人在儿时参与木工活动情况的追溯性访谈所获取的资料表明，其中有木工经历的多是发生于儿时的家庭游戏当中，更多是产生于嬉戏需要或是对成人工作的简单模仿之结果。大多数受访者回忆对木工的印象是木匠在造房子、做家具时的场景，鲜有亲历真实的木工创作。

到2000年以后，在中小学校、幼儿园里开始零星出现儿童木工活动，但其发展也是比较艰难与缓慢。直到2010年前后，早期儿童木工区（坊）建设才开始逐渐被大多数幼儿园接纳。2015年左右，早期教育机构对木工的接纳与认同感也在极大地改善，开始逐渐出现专业儿童木工供应商。同时关注早期儿童木工教育的研究者与实践者逐渐多了，研究开始多元化。近些年，政府开始关注儿童的生活智慧，尤其对"工匠精神"深深反思、宣传以及实践，越来越多的研究者开始关注木工与早期儿童发展之间的关联，开展了一些富有成效的研究。至今，我国儿童木工教育的实践与研究虽然已逐渐走上了前行的轨道，但由于历史与现实的原因，路还漫长。

我们再来看看欧美的木工与木工教育的发展。古时候木工在欧美也广泛流传，最早的木结构创造可以追溯到古希腊与古罗马时代。与我国古代相比最大的差别在于，欧美人视木工为上等下等人都可以做的工作。早在19世纪，欧洲的一些学校就开始设置木工教育课程。现在不管是在幼儿园还是中小学，木工课程设置已经是相当普遍了。对欧洲儿童木工教育发生与发展的核心影响因素是瑞典的美惠众生家居美育运动与斯洛伊德教育的普及。19世纪时，瑞典女权主义者、哲学家、社会学家与和平主义者艾伦·凯发起的"美惠众生的家居美育运动"奠定了欧洲儿童木工教育的社会文化的基础。她认为当时的瑞典的新的家居生活引发了新的审美。她宣称室内外是一体的，并且当一个人在美好的家居器物中生活的时候，会产生幸福感并更加热爱家庭。她在论著《家中之美》中提出，美应该从一个人的内心世界和周围生活的环境中诞生。此论著奠定了北欧"美惠众生"的设计理念。艾伦·凯的设计理念影响了瑞典现代家居设计的变革，影响了一大批建筑家、设计师，其中较有代表性的有《一个家》的作者艺术家卡尔·拉尔松、艺术史学家包尔松等。后来，瑞典民主党上台，承诺解决住房问题，这在政治上接纳了现代建筑设计师的主张，也大力推进了瑞典现代建筑运动的发展，为新家居、新生活创造了环境与物质基础。这是欧洲木工教育文化发生的一个重要原因。

在19世纪到20世纪期间，瑞典整个社会有一种想要快速摆脱市民家居美学贫乏的状态，迅速培养和营造一个高度发达的家居文化的社会的需求。他们觉得仅靠社会精英的呼吁是远远不够的，需要依靠儿童教育，才是最快捷、最有效的办法。他们找到的方法是在义务教育阶段，普及与家居生产紧密相关的斯洛依德（Sloyd）教育。"Sloyd"源自瑞典语"Slöjd"，可以解释为"工艺美术、手工艺、手作"。斯洛依德（Sloyd）教育极为重视木作，其中也包括折纸、缝纫、刺绣、针织等内容。在早期教育、小学以及中学教育实践中，斯洛依德课程被认为对学生们的手作训练、手工艺术、技术教育乃至工业意识教育等都有非常大的积极影响。它有利于塑造孩童们的个性，激励其高尚的行为，提高其智商，让其变得更加勤劳。

19世纪70年代，瑞典人奥托·所罗门开办了一所培训教师手工艺的学校推广斯洛依德教育。先后有来自19个国家的数百名教师参与培训，其中也包括一些英国早期的教育先驱，他们为推动英国的木工活动做出了巨大贡献。1891年，所罗门撰写的《斯洛伊德教师手册》被译成英文，对斯洛伊德教育运动在欧美乃至日本的推广起了很大的作用。

中欧两地儿童木工发展有着不一样的历史渊源与脉络。我国的儿童木工更多的是一种自然发生与发展，缺少一种文化与教育力量的助推，更多显现的是一种民众的个体行动而非社会性的教育行动。而欧洲儿童木工发展依赖于其背后强大的家居美育理念与斯洛依德教育，它的发展有更多的自觉性与主动性。不同的社会生态导致了中欧之间极大差异的儿童木工教育。

皮特·穆尔豪斯先生在《儿童创意木工——玩中学的有效方式》当中呈现的木工教育的理论与实践，是对欧洲儿童木工教育文化的深挖与发展。它是我们了解斯洛依德教育，走近欧洲儿童木工教育体系的重要资源。对于反思、推进我国的木工教育，特别是早期儿童木工教育会有很大的帮助。

《儿童创意木工——玩中学的有效方式》一书生动而全景式地呈现了可学、能用的早期儿童木工开展与推进样式。它不是一本"菜单式"的书籍，全书提供了八个方面，包括了儿童为什么要做木工，应该怎样做木工，如何风险评估等内容，其中既有早期儿童木工教育理论阐析，也有木工教育实践的分享。这些内容不是简单叠加菜单，而是相互关联的一个整体里的各个部分。皮特·穆尔豪斯先生为我们呈现了一个能有效促进儿童主动学习的木工教育体系的全貌，涵盖了早期木工教育课程建设的文化支持与内核深挖的方方面面。

皮特·穆尔豪斯先生让我们感受到了欧洲儿童木工教育传统同时，也看到了其曲折发展的过程。一个相对适宜，能有效促进儿童发展的木工课程，需要基于木工还要超越木工的思维状态，这是《儿童创意木工——玩中学的有效方式》给我们的一个非常基础的启示。

从皮特·穆尔豪斯先生提出的包括帮助儿童获得尽可能独立的能力，培养自信的"我能做"精神，建立自尊心；通过使用真实的工具和材料培养在日益数字化的世界中尤其重要的好奇心和兴趣；鼓励创造性思维和批判性思维的技能，激发儿童终身学习的热情三个方面的早期儿童木工教育的目标可以看出，"向所有儿童介绍（帮助掌握）基本的木工技能的意义在于当他们想追求木工创作的兴趣时能够作出明智的决定"，基于木工创造高于木工本身价值是早期儿童木工的终极追求。这也是斯洛依德教育的根本意义所在。

皮特·穆尔豪斯先生从理论与实践两个维度在如何从木工中开展玩中学，使得木工活动成为儿童主动学习的最佳方式提出一系列可借鉴的观点。他认为木工活动是一种孩子喜欢，并能为他们提供丰富的学习和个体发展的机会的"双赢"，其中涵盖了学习和发展的所有领域，能帮助孩子们在不同知识之间建立联系，木工应始终被视为课程的一部分。皮特·穆尔豪斯在木工实践中十分看重成人在提供课程，安全监控，教授与指导儿童学习基本技能、记录与评估等方面的支持对于儿童木工的重要意义，关注在木工活动中对弱势儿童是否具有尽可能大的包容性。在参与对象与活动内容的涵盖面方面，他认为木工活动可以贯穿整个早期教育阶段，强调木工不能仅局限于利用木材进行加工、创作，需要引导孩子们在更广阔的环境中探索木材的环境和特性来熟悉木材，在日常环境中进行木工修补工作。在木工技能掌握与能力发展方面，皮特·穆尔豪斯先生很明确地提出，木工技能的掌握既是木工课程规划的基础，也是通过扩展学习项目，引导孩子们去发现、理解各种工具和技术在现实生活中应用的前提条件。

安全问题是早期儿童木工活动开展必须面对的问题，皮特·穆尔豪斯先生基于"权衡风险和收益"的观点提出在木工活动中开展风险教育与风险评估的价值，讨论了帮助家长理解木工的安全，消除疑虑的重要意义。

细品此书，相信会有很多收获，不管是关于儿童木工的理论还是实践。但皮特·穆尔豪斯先生特别强调的是如何基于木材，拓展孩子们的学习与发展空间，促进他们全方位的进步的基础观点需要深刻的理解。这会帮助你拓宽思维，用系统观点理解与践行早期儿童木工教育的价值。

近些年，国内学前领域开展木工教育已被业内人士，甚至于大多数家长普遍接受，各地幼儿园在木工坊（区）创建的进展也令人欣慰。但前行的困难与问题还是有一些，比较突出的有：一是幼儿园缺少接受木工基本技能与木工教育微课程建设培训的员工；二是幼儿园担心木工教育中的安全风险，无法得到系统、规范的评估与规避安全风险政策或者方法指导；三是儿童木工供应商的职业素养参差不齐，难以满足儿童木工区（坊）建设的需要；四是幼儿园木工教育开展更多的是幼儿园个体的自觉行为，似乎独立于早期教育的课程文化或教育文化生态等。这些问题的存在其实是揭示了早期儿童木工教育的复杂性与系统性的特点。目前，我们虽有为数不少的具有前瞻性的引领作用的早期木工教育研究成果，但距离构建系统化、规范化的早期儿童木工教育体系还有很多路要走，要做到从教育文化、政策文化、风险评估等维度考察早教机构中的木工活动开展也还有很多问题需要解决。目前我国的早期儿童木工教育尚在起步阶段，没有像欧洲这样有历史积淀，也缺少相对完整的支持系统，但对优秀域外研究成果的本土化研究一直以来都是我国教育研究领域的重要路径。皮特·穆尔豪斯先生的书，为我们开展早期儿童木工教育提供了若干可学习、可研究、可借鉴的内容，对于推进我国早期儿童木工教育生态建设应有裨益。

本书编译出版，得益于我们整个翻译团队的不懈努力与付出。感谢王静梅博士专业且用心对本书进行校译，感谢研究生储静婕、马小晴、顾梦梦参与了本书的初译工作，感谢北京师范大学出版社的姚贵平老师对本书出版的鼎力支持，感谢美国加州州立大学陈妃燕博士对本书的推荐。

由于译者编译水平有限，在体例与译文的准确性上肯定会有不少疏漏或者错误，敬请专家与读者批评赐教。

前言一

每隔一段时间，就会有一本书帮助从业者深入而长远地发展自己的工作，本书就是这样的书。

在过去的一百年里，木工一直被纳入幼儿教育实践中。它产生于十九世纪末的先锋幼儿园，久经考验，有着光荣的传统。但是，良好的实践却很难维持下去。

由于20世纪80年代和90年代过分强调健康和安全，缺乏对从业人员提供安全工作经验的培训，大部分优秀的做法已经消失了。但它可以而且正在被重新拾起，而这本书正是在这样的时刻到来的。本书的作者是一位备受尊敬的艺术家，他经常与幼儿一起工作，他的专业知识在书中大放异彩。

本书非常清晰、实用地阐述了为什么木工很重要、如何制作木工区、提供什么工具、如何使用这些工具以及如何鼓励孩子变得安全、熟练和有创造力。这本书应该出现在每一个早期儿童环境中，父母和祖父母、外祖父母也会发现它很有帮助。

蒂娜·布鲁斯（Tina Bruce）

罗汉普顿大学教授

前言二

本书相当深入地介绍了木工在早期教育中的影响，详细介绍了许多学习和发展的成果，并全面介绍了开始木工活动所需的条件。

皮特的热情和他对鼓励孩子们的创造性思维的承诺是显而易见的。很明显，使用木头作为创意材料有助于开发孩子们的想象力和创造力，并发展许多其他技能。与皮特一起工作时，我看到了孩子们在更深层次上的学习。对一些孩子来说，木工活动是打开学习障碍之锁的钥匙，这种影响是长期的。

木工活动表明，它是一项非常受儿童欢迎的活动，并提供了丰富的乐趣和学习来源。我目睹了幼儿、他们的父母和照料者以及与他们一起工作的成年人是如何从参与木工活动中得到启发的。

我非常鼓励你在你所处的环境中引入木工活动，相信你会发现这本书是一个宝贵的资源。

雷切尔·爱德华兹（Rachel Edwards）
格洛斯特郡公园学校和儿童中心主任教师

目　录
CONTENTS

第一章　导言：为什么要开展木工活动

木工活动有点像一块可获得终生所需本领的魔毯，它包括了参与过程学习所需的好奇心、创造力与丰富的机会，能为孩子们带来深度的参与感与满足感。

凯瑟琳·索利，切尔西，露天托儿所前园长，早期教育顾问

章节概述

在本章，我将阐述木工活动在早期教育中的价值；进一步解释通过使用真正的工具进行木工的修补和创作，木工活动如何为孩子们提供真正独特的经验；并探讨它如何影响孩子们的自尊心和自信心。我还将强调木工活动中学习与个体发展的密切关联，以及其在早期教育中的悠久传统。

独特的经验
手、脑、心的参与
建立自尊心与自信心
涵盖学习与发展的所有领域
制作的经验
木工活动在早期教育中的悠久传统
木工活动介绍

独特的经验（A unique experience）

木工活动的确有一些特别之处，使得它与其他活动大不相同。在木工活动中，孩子们感受着木材的气味与触感，使用着真正的工具与天然材料，伴随着锤击和锯切木头的声音，将手与脑结合来表达他们的想象力和解决问题的能力，综合运用力量和协调能力。所有这些都影响着孩子们参与其中的兴趣，因为它们为孩子们提供了真正独特的经验。我们可以看到，木工在许多方面都对孩子们的发展产生了深刻的影响。

手、脑、心的参与（Engaging hands，minds and hearts）

作为一名在早期教育环境中的艺术教育工作者，我给孩子们介绍了许多能激发他们创造力的活动。因为幼儿高度的专注力、持续的参与度和纯粹的满足感，使得木工活动脱颖而出。它深受孩子们的欢迎，也为他们提供了深刻的学习经验。在木工环境中，聆听孩子们快乐地锤击和锯切木头的声音，并看到他们深深地投入其中，是一种真正的喜悦。来访的老师们总是对孩子们高度的专注力、持续的参与度发表评论，而更令他们惊讶的是，在一两个小时后，这些孩子仍在专注于他们的创作。孩子们经常花费整个上午的时间在木工台上工作，而木工活动也真的能吸引孩子们的手、脑、心共同参与其中。

木工活动让孩子们有机会参与手脑结合的活动，使世界看起来不再那么抽象和不可触及，也让学习变得更有意义。无论在技术获得方面还是动作掌握方面，使用木工的手工工具和设备有效地工作是一个重要的发展领域，而这一点在其他很多方面也存在优势。

最初，我们观察到孩子们开始用手工作、构建模型和从事项目，但实际上真正的转变来自儿童内部，即木工活动的核心在于促成儿童的个体发展。

建立自尊心与自信心（Building self-esteem and confidence）

木工活动是帮助孩子们建立自尊心与自信心的有效媒介，原因有很多种。通过被信任和被赋予责任来使用真正的工具，孩子们得到赋权感和成就感。他们完成了最初认为困难的任务，也坚持执行具有挑战性的任务。他们对自己掌握的新技能表示满意，并为自己的创作感到无比自豪。这种赋权感和成就感明显增强了他们的自尊心与自信心。孩子们天生就有建构与建造的欲望，他们学习事物是如何运作的，也发现自己可以通过制造东西来塑造周围的世界。这赋予了孩子们一种"我能做"的态度和强烈的能动意识——面对世界的积极态度与塑造世界的坚定信念。

涵盖学习与发展的所有领域（Encompassing all areas of learning and development）

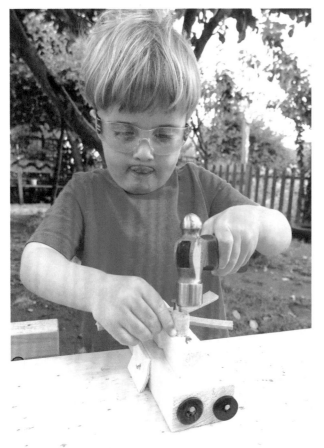

分析木工活动课程时，我们会发现它所涉及的知识学习是非同寻常的。它涵盖了学习和发展的所有领域，建立了不同知识之间的联系，支持目前关于儿童如何更好地学习的观点。这也概括了有效学习的所有特征：用以培养有自信心、有创造力、热爱终身学习的儿童。木工活动真的可以成为课程的核心，它融合了数学思维、科学调查、发展中的技术知识，使孩子们加深了对世界的理解，促进了孩子们的身体发育与协调能力、交流与语言能力、个体与社会性发展。

木工活动提供了另一种媒介，即孩子们可以通过它表达自己。在孩子们作出选择、找到解决方案、在试误中学习并反思工作的过程中，他们的创造性思维和批判性思维得到了发展，而这些对他们的想象力和问题解决能力的提升至关重要。

在探索可能性、迎接挑战和找到解决方案的过程中，孩子们很容易被深深地吸引（从走进木工活动到不愿离开）。木工活动在为孩子们提供问题解决机会和帮孩子们迎接挑战方面是无可匹敌的。

有些孩子在摆弄木头时会特别开心，非常享受用双手完成立体作品的工作。我们很难预测哪些孩子会作出特别积极的反应，因为木工活动所涉及的技能与早期阶段的普遍技能大不相同。但木工的经验真的可以成为一些孩子打开学习之门的钥匙。

木工活动有助于促进孩子们在现有经验与技能基础上的逐步发展。在多维学习领域与多重学习挑战中，新工具的引入、技术的改进和完善以及思维能力的发展，都扩展了孩子们能做的事情。此外，维果茨基与布鲁纳都提出过关于木工活动如何有力地延展孩子的自主性工作的观点与做法。我将在第三章更详细地讨论这个问题。

木工活动也提供了审美经验。孩子们感受木材之美时，会体会到木材的温度、气味、质地，以及如何通过简单的行动使它获得改变。即便只是使用简单工具来加工木材，也是一种美感的获得。这当然是一种超越日常、充实心灵的活动。

从本质上讲，木工活动是一种"双赢"：一方面，孩子们非常享受它，能保持长时间参与其中；另一方面，它为孩子们提供了丰富的学习和个体发展的机会。

制作的经验（The experience of making）

木工活动其实是使儿童融入制作过程、成为具备"我能做"精神的创造者的活动。我们考虑的木工活动本质上是使用简单技术进行制作的，耐腐蚀材料是最适合使用的媒介。木材是儿童最易于接触与使用的材料，而其使用也是多种多样。当然，其他材料（如亚克力、橡胶、软木等）也可以融入这种制作体验中，这会进一步增加孩子们关于木工活动的知识和理解。使用工具的制作为孩子们提供了多层次的学习体验，以帮助他们应对不断升级的挑战和复杂性。

目前，人们普遍对制作产生了浓厚的兴趣，这常被称为创客运动（Maker Movement）[①]。该运动通常通过社群倡议鼓励人们利用身边的各种材料创造产品。这种方式非常吸引年轻人。手工制作的价值再次受到重视，以好奇心驱动的体验式学习开始对当前的消费主义文化产生冲击。现今社会中，人们总是不断购买新的产品，并在坏了之后立马处理掉。与此相反的是，木工活动为孩子们提供基本技能的学习与练习，帮助他们了解制作和维修技能，而非不断浪费和直接丢弃。

木工活动在早期教育中的悠久传统（Long tradition of woodwork in early childhood education）

木材与黏土、石头一样，在历史上被人类广泛使用，深深地扎根于所有文化的遗产中。基于木材的教育也有着悠久的传统。在早期教育出现之时，木工活动就受到福禄贝尔（Froebel）的青睐。19世纪70年代英国将木工活动引入小学教育时，其立即成为课程的一部分。开展木工活动的母育学校最初是受到福禄贝尔的影响，后来又受到斯堪的纳维亚的斯洛伊德教育运动（Sloyd education movement）的影响，该运动也肯定了木工活动在教育中的价值。当时，木工活动在英国

---

① 这个词起源于美国，是独立发明家、设计师和修补工的总称。

各地司空见惯。事实上，如果遇到哪个教育机构不开展木工活动，那就是一个例外。

几十年来，木工活动一直深植于课程中。但到了20世纪80年代到90年代，木工活动几乎消失。原因在于诉讼文化的兴起、人们对于健康与安全措施的过度关注，以及教育重心的不断变化。

如今，在早期教育中，人们对木工活动的兴趣被重新燃起，越来越多的早期教育环境也重新引入了木工活动，有些还通过在每个教室或室外区域设立一个木工活动区将其纳入核心课程。这种对木工活动日益增长的兴趣遍布全球，表明其可以再次在教育中发挥重要作用。

一些老师和家长十分惊讶于我们把木工活动介绍给三岁的孩子，但我们必须强调一点：正确地给孩子们介绍与对他们进行监督使木工活动成为一种低风险活动。多年来，我们已经成功地开展了许多学前儿童的木工活动，没有发生重大事故。在第七章中，我也将讨论我们所需采取的健康和安全措施，以确保木工活动对所有人来说都是一种安全且有益的体验。

孩子们受复杂的技术所困，这减少了他们在基础技能上的经验，大大减少了他们观察、学习和理解过程的机会。如今许多孩子可能在整个教育过程中都未使用过工具，而近年来中小学开展木工活动的次数也明显减少。

通过使用工具获得的信心为生活提供了一笔宝贵的技能财富。许多孩子需要掌握一些实用的技能以应对将来的工作，而早期阶段的木工活动很可能是孩子们使用工具的唯一经历。幸运的是，使用工具的经验会留下深刻的记忆，因此即使是唯一经历，也会给他们留下长久的印象。许多成年人说，木工经历是他们至今仍记忆犹新的童年印象之一。

木工活动介绍（Introducing woodwork）

在第五章和第六章中，我将介绍所有与木工活动开展相关的实践：如何配备与监督木工活动、如何设立木工活动区，以及如何介绍木工工具。

随着木工活动的开展，孩子们可以按照自己的节奏去进行学习，迎接属于自己的挑战。一旦

掌握了基本技能，他们就会开始无止境的探索——修修补补，探索各种可能性，然后进行独特的创作。他们的想象力、创造性思维和解决问题的能力在他们遇到与征服挑战的过程中得到蓬勃发展。

令人欣慰的是，木工活动得到了许多先锋教育家、著名作家、早期教育顾问、督察与导师们的认可，他们中的许多人也为各章节提供了导语。

我非常希望这本书能在如何把木工活动安全地介绍给你的孩子方面给予你鼓励、信心以及实用知识。为了确保广大读者都能受益于这本书，我将以入门者的视角来撰写。它虽侧重于早期教育环境中3~5岁儿童的木工活动的开展，但其中的原则和方法同样适用于年龄稍大的儿童。

木工活动是最受欢迎的活动之一，它包含了许多知识。让我们一起为所有孩子都有机会参与木工活动而努力吧！

下次我要做一只有翅膀的会飞的刺猬。我要用很多钉子，但是我不打算把它们锤进去，因为它们需要竖起来。我要用薄木板做翅膀，然后要涂上颜色。

山姆（Sam），3岁

第二章 木工活动的发展历史与教学背景

> 木工活动应始终被视为课程的一部分，而不是课程之外的东西。我认为这一点非常重要。这是一项极具创造性的活动，它为促进儿童的跨课程学习和发展提供了许多机会。就像在学习和教学的每个领域一样，跟随孩子们的兴趣是必要的，这应该是木工活动的哲学意义。
>
> 杰米·威尔逊，利物浦的一位副校长

章节概述

在这一章中，我将介绍儿童木工活动在世界各地开展的情况。首先回顾木工活动在幼儿教育中的丰富历史，可以追溯到180年前福禄贝尔的教学法；然后解释木工活动的价值是如何在先驱教育者的传播过程中慢慢形成的；最后看看木工活动的发展与衰弱，并讨论它在今天的复兴。

国际视野
教育理论先驱倡导的主动学习
福禄贝尔的影响
斯堪的纳维亚的斯洛伊德教育
英国木工活动的介绍
玛格丽特·麦克米兰和苏珊·艾萨克斯
华德福教育
后来的倡导者
木工活动的衰落
木工活动的当前形势与变化趋势

国际视野（International perspectives）

在世界各地，有许多国家都在早期教育阶段为儿童开展木工活动，与木材打交道是一种跨越文化界限的通用语言。不同的国家使用的工具可能会略有差异，但从本质上来说，木工活动具有高度一致性，是一种可以将幼儿深深吸引的活动。

在斯堪的纳维亚半岛的几个国家，木工活动早已成为早期课程中的一部分。在新西兰，教育部更是认定木工活动（Tarai rakau）是一项可以支持新西兰幼儿教育教学大纲（Te Whāriki，"编席子"）课程的部分原理和标准的有价值的游戏活动，并在许多教育机构中设立了专门的木工活动区。在其他国家，木工活动虽不太成熟，但多年来还是有许多独立教育机构一直在支持木工活动的开展，从日本到美国都有这样的例子。在英国，木工活动曾经被牢固地建立起来，但后来出于对健康和安全的担忧，到了20世纪八九十年代几乎被完全去除。不过值得庆幸的是，现在木工活动正在重新被建立起来。

教育理论先驱倡导的主动学习（Active learning encouraged by pioneering theorists）

几个世纪以来，教育理论家们都倡导实践教育。教育家夸美纽斯（Comenius，1592—1670）、卢梭（Rousseau，1712—1778）和裴斯泰洛齐（Pestalozzi，1746—1827）也都强调主动学习、感官教育和实践教育的重要性，指出主动学习有益于儿童发展的所有领域。他们的这些前瞻性思想为后来早期教育的发展铺平了道路。

福禄贝尔的影响（The influence of Friedrich Froebel）

最早关于早期儿童开展木工活动的记录来自幼儿园运动的创始人福禄贝尔（Friedrich Froebel，1782—1852）的先驱工作。福禄贝尔认为，儿童是一个整体学习者，通过积极使用双手和大脑来学习最有效。他强调要让孩子们动手学习，并相信在探索兴趣时要把想象力和身体运动结合起来。

> 在生活中，通过实践来学习一件事情的效果要比仅仅通过口头交流来学习更好，并主要体现在发展、培养与加强儿童的能力、兴趣与品质等方面。
>
> 福禄贝尔

福禄贝尔最初将木制的礼物介绍给孩子们：这些物品可以激发孩子们的好奇心，在操纵和探索过程中也可以支持和鼓励他们的学习，尤其是体现在立体思维的发展上。福禄贝尔随后又介绍了被纳入实际工作的"手工作业"，这在某种程度上可以被认为是在为今后的手工培训和未来的工作作准备。"手工作业"包括使用纸张、颜料、黏土和木材。虽然福禄贝尔最初设立的幼儿园已不复存在，但他在基尔豪（Keilhau）与别人共同创办的学校至今仍继续开展木工活动。深受福禄贝尔启发的古斯塔夫·卡尔布（Gustav Kalb）在1895年写的《手眼训练的第一课》（*The First Lessons in Hand and Eye Training*）一书中，进一步发展和阐述了福禄贝尔的在幼儿园和大孩子一起通过使用木材开展实践学习的思想。

作为英国福禄贝尔国际联盟的一名培训师，约瑟夫·贾德（Joseph Judd）在1906年写道：

> 为训练双手灵巧性和观察准确性而设计的各类实际工作方案中，没有一个能像木工活动那样被广泛接受。木工活动所需的材料在生活与自然中普遍存在，容易获得且价格低廉。无论在自然状态还是粗加工状态，这些材料都可以很容易加工成各种美的物件。（材料）可随时适应手工课程的内容正是恩物和手工作业的延续。
>
> 作为一项手工作业，木工活动旨在培养人的主动性和创造性，在实践中体验失败与成功；也可考察在特定事件中的专注力，为教师和儿童提供交流渠道，教师从儿童身上所观察到的信息可使知识传授更为准确；还可为研究儿童的学习生活开辟一条途径，使教师能在实现教育理想方面充分发挥作用。

斯堪的纳维亚的斯洛伊德教育（Sloyd education in Scandinavia）

受福禄贝尔的启发，木工活动通过斯洛伊德教育运动（sloyd education movement）传播到斯堪的纳维亚半岛①。"斯洛伊德"（sloyd）源于瑞典语"slöjd"，指"工艺美术、手工艺、手作"。由于乌诺·希鲁耐乌斯（Uno Cygnaeus，1810—1888）的开创性工作，工艺教育于1866年成为芬兰民间学校的必修课程。希鲁耐乌斯的目的是培养儿童的实用知识和审美意识、提高他们的思维水平，他认为自己的工作是福禄贝尔的幼儿园的自然发展与传承。

斯洛伊德教育的目标是培养孩子们的实用知识，发展在不同工作流程中解决实际问题的能力，并学习如何通过实验与探究去评估和完善工作。木工活动无疑是前沿的，但斯洛伊德教育还包括其他手工，如折纸和针织。人们通常认为，用双手工作可以促进认知发展，使学习更有意义，也可以建立自信心，并逐步具有尊重劳动的思想。

1872年，斯洛伊德教育思想被介绍到瑞典，传播者奥托·所罗门（Otto Salomon，1849—1907）深受希鲁耐乌斯和福禄贝尔教育思想的影响，是一位积极的木工活动倡导者。1875年，他在哥德堡（Gothenburg）附近的纳亚斯创办了一所培训手工艺教师的学校，致力于推广斯洛伊德教育运动，并对来自世界各地的教师开展培训工作。纳亚斯学校的特别教育方法确保了就读的所有

---

① 斯堪的纳维亚半岛位于欧洲西北角，濒临波罗的海、挪威海及巴伦支海，并与俄罗斯和芬兰北部接壤，是欧洲最大的半岛。

学员在获得扎实的手工艺理论与知识的同时，也习得相应的实践技能。因此，纳亚斯学校的声誉很高，先后有来自19个国家的数百名教师参与培训，其中也包括一些英国早期教育的先驱，他们为推动英国的木工活动做出了巨大贡献。1891年，所罗门撰写的《斯洛伊德教师手册》（*The Teacher's Handbook of Sloyd*）被译成英文，这对斯洛伊德教育运动的推广起到了极为重要的作用。斯洛伊德教育运动受到了普遍欢迎与积极实践，使得芬兰、瑞典、丹麦、挪威和冰岛等国家的教育思想在当今的教育中仍然扮演着重要的角色。

在斯洛伊德教育中，木工项目帮助孩子们逐步掌握他们成长所需的技能。在一个相对较长的周期内，循序渐进地引入不同层次的木工工具与材料，逐步完成不同难度的木工创作项目。在这个过程中，孩子们会经历从已知到未知、从容易到困难、从简单到复杂、从具体到抽象的学习与探究过程，同时也会掌握和发展他们的能力。

所罗门在《斯洛伊德教育理论》（*The Theory of Educational Sloyd*）一书中阐述了以下一些原则：

1. 养成对普通劳作的爱好与尊重。
2. 培养对朴实、淳朴、踏实的体力劳动的尊敬。
3. 培养独立与自主。
4. 培养有条理、精确、干净、整洁的习惯。
5. 培养准确观察的能力，发展欣赏形态美的意识。
6. 培养触觉，提高双手灵活性。
7. 培养专注、勤勉、坚持与耐心。
8. 增强体力。
9. 学会熟练地使用工具。
10. 执行精确的工作和生产有用的产品。

英国木工活动的介绍（Introduction of woodwork in the UK）

福禄贝尔与斯洛伊德教育运动的思想影响了木工活动传入英国和其他国家。为了适应各自的已有工具和技术的特定风格，这些国家在思想和实践层面对木工活动的开展进行了调整。虽然这导致了不同国家开展的木工活动略有不同，但仍保留了一个强大的共同核心。

从19世纪50年代起，英国就有个别小学和母育学校开设了木工活动。在19世纪八九十年代，人们对木工活动的兴趣迅速增长。总部设在伦敦的福禄贝尔协会（1874年）、全国福禄贝尔联盟（1887年）和斯洛伊德协会（1888年）在传播相关信息方面发挥了重要作用。而许多从纳亚斯学校培训出来的英国教师在帮助此类信息传播的同时，也积极参与英国斯洛伊德暑期学校的教学工作，更为直接地推动了木工活动在英国的发展。随后，从1882年到1902年的20年间，《手眼杂志：斯洛伊德、幼儿园及各类手工训练》（*Hand and Eye Journal：Sloyd, kindergarten and all forms of manual training*）的出版很好地支持了手眼训练，并希望在福禄贝尔运动中强力推广斯洛伊德教育。

工具对所有的孩子都有一种奇特的魅力，他们喜欢锤击、切割、制作。在专业指导下的简单木工活动无疑能比任何已知媒介都更快地激发孩子潜在的发明才能。

贾德，1906

19世纪七八十年代，英国的（公立）小学学制[①]正式建立时，木工活动通常只对男孩开放，女孩通常只做些针线活，但重要的是它已经成为课程的一部分。同样受到福禄贝尔和斯洛伊德教育的启发，新兴的幼儿园也出现了木工活动，为儿童更好地进行入学准备提供支持。

玛格丽特·麦克米兰和苏珊·艾萨克斯（Margaret McMillan and Susan Isaacs）

英国教育先驱玛格丽特·麦克米兰（Margaret McMillan，1860—1931）和苏珊·艾萨克斯（Susan Isaacs，1885—1948）都意识到了木工活动所具有的潜力，也认为儿童是具有内在能力的学习者，他们的学习效果在主动积极的状态下最佳。麦克米兰小时候有木工工作的经验；艾萨克斯则深受皮亚杰影响，认为孩子们与材料的充分互动是学习的基础。艾萨克斯的麦尔丁学校

---

① 英国1870年颁布《初等教育法》，19世纪80年代又颁布并落实义务教育的规定。

（Malting House School）强调，要让孩子们在任何学习领域都遵循他们的好奇心。当孩子们坚持不懈地进行设计和创作时，木工活动也要为孩子们创造出一些值得去探索的问题情境，这对他们的发展尤为重要。麦尔丁学校的木工设备包括一台钻床和一台小型车床，均由孩子们自己操作。麦克米兰和艾萨克斯在理论与实践上的研究，极大地鼓舞了其他学校接受木工活动。

华德福教育（Steiner Waldorf Education）

由鲁道夫·斯坦纳（Rudolf Steiner，1861—1925）创办的华德福教育（1919年成立第一所学校）也大力提倡开展木工活动，强调脑、心和手相结合的教育，特别是强调对创造力的唤醒及其在以后的生活与工作中的运用，也看重木工活动对孩子们的自尊心和自信心的培养的价值。大多数华德福教育环境中都提供开展木工活动的条件，但一般要到儿童六七岁时才会向他们介绍并逐步组织他们进行木工活动。

后来的倡导者（Later advocates）

进步教育运动中的许多教育家也看到了木工活动的价值，他们同样强调通过亲身实践来学习的重要性。杜威（Dewey，1859—1952）和克伯屈（Kilpatrick，1871—1965）都倡导经验学习，让孩子们使用真实的材料去体验现实的生活，并遵循以儿童为中心的课程。皮亚杰（Piaget，1896—1980）开启了研究儿童学习方式的先河，撰写了许多有关儿童发展心理学的文章。在《理解就要发现》（*To Understand Is to Invent*，1973）一书中，他强调了主动学习以及培养实验性思维的重要性，认为儿童是独立学习者，他们把新的概念增添到已有知识中，来为自己建构理解，而基于经验的教育契机如木工活动便是最好的实现方式。布鲁纳（Bruner，1915—2016）在关于"游戏螺旋模型（Play Spiral）"的文章中再次强调了木工活动是儿童学习的理想媒介（Bruner，1960）。他认为孩子们最初是在已有的认知水平上参与游戏的，但是当重新开展活动时，他们的知识也在增加。孩子们在参与每一次木工活动时都比上一次要更为熟练，随着年龄的增长，他们越来越能胜任木工活动。此外，布鲁纳也坚信孩子们的学习应该是在对材料的兴趣上逐步产生的。

木工活动的衰落（The decline of woodwork）

直到20世纪60年代，木工活动始终是英国早期教育不可或缺的一部分。随着经济的发展，人们对制作和修理物品的重视程度越来越低，直接购买新的商业产品的机会越来越多。许多人认为木制品过时了，不那么受欢迎，所以导致一些木工区开始消失。与此同时，木工活动被许多人视为是一项最适合"非学术"儿童的学科，这也对其衰落产生了影响。

当然，真正的问题在于20世纪80年代和90年代，人们越来越关注健康和安全，出现相关事故会被起诉。这导致在繁重的诉讼文化中，越来越不鼓励人们从事任何被认为存在风险的活动，其中也包括使用木材等耐腐蚀材料开展的活动。这样做的代价就是极大地牺牲了木工活动所提供的绝好的学习机会和优势。这一切都与当时中小学开展木工活动的次数急剧下降的事实相吻合。

大多数小学都避免在设计与技术课程（Design and Technology，D&T）中使用耐腐蚀材料。

到了1986年，中等教育课程从木工与金属制品转向了更加强调设计的D&T，因为后者在学术上更严谨、更有用。但到了2004年，D&T也不再是必修课。到了现在，几乎有一半的中学不再将D&T作为普通中等教育证书的选项。

木工活动的当前形势与变化趋势（The current situation and the changing tide）

　　木工活动的衰落使得许多孩子在整个教育过程中根本没有使用任何工具的经验，这显然是对儿童的伤害。他们中的大多数人被剥夺了这一机会，只有少数人有幸能在家庭环境中习得这些技能。但事实上，许多孩子需要这些实用技能来胜任将来的工作，诸如电工、水管工、技师、木匠、建筑工人和机械师等。在大量的工作中，掌握工具使用能力是胜任工作的一个重要因素，在工程和技术领域中创造模型、在外科手术中使用医疗器械等都需要具备这样的能力。最近，几所大学发表了关于未来学生缺少所需实用技能类别的报告，而这些技能与工程、产品设计和科学等学科紧密关联。无论是自己动手制作、从事业余爱好还是修理物品，这些技能与相关工具在我们的日常生活中也都非常有用。

　　幸运的是，形势正在好转。如今，英国乃至全球对木工活动重新燃起兴趣，人们对风险的态度更加平和。森林学校运动（the Forest School Movement）的兴起也产生了积极影响，因为它鼓励儿童体验和使用基本工具。与此同时，木工活动对培养创造性和批判性思维技能的重要性日益受到重视。

　　近年来，有一些有影响力的报告鼓励学校接受那些确实包含一定风险的活动。扬勋爵（Lord Young）于2010年受委托对英国行业与教育的健康与安全进行审查，在随后发布的题为《共同常识，共同安全》（Common Sense，Common Safety）的报告中明确指出，我们不应因为活动含有风险就剥夺年轻人参与的机会。风险评估是为了让孩子们更加安全地进行活动，而不是禁止其参与活动。英国政府也立即接受了报告中提出的建议。

　　如今，教育家们开始更加强调创造力的重要性。早期教育先驱们主要关注工作技能的培养，

这在很大程度上反映了当时的主流思想和文化形态。在现今这个瞬息万变的时代，创造力应该是教育中最有价值的方面之一，也需要更多的响应和创新。通过木工活动，可以在很大程度上支持儿童的创造力以及创造性和批判性思维技能的发展。此外，在教育中开展以制作为导向的学习也会对经济产生积极的影响——鼓励创办具有创新思维和创业思维的新

小企业（Anderson，2012）。

下面总结一下我贯穿于本书的教育思想，我认为以下几点是很重要的：

第一，赋予儿童尽可能独立的能力——培养自信的"我能做"精神，建立自尊心。

第二，通过使用真实的工具和材料培养好奇心和兴趣，这在日益数字化的世界中尤其重要。

第三，鼓励儿童培养创造性和批判性思维技能，同时激发儿童终身学习的热情。

当然，这只是一个简单的小结，我们将在第三章中看到木工活动更多的其他重要方面。

今天，早期儿童的木工活动得到了许多教育先驱、著名作家、早期教育顾问、督学和导师的认可。有广泛影响的《幼儿园环境评价量表》（*Early Childhood Environment Rating Scale*，ECERS）（Harms & Clifford，2004）中也提到了提升托育机构优质评价的木工活动，并列举了拥有工作台、可进行木雕等项目的木工区的重要性。

人们重新燃起对制作的兴趣，强调对创造力的培养，并对健康与安全问题采取更平和的做法，极大地鼓励了越来越多的场所重新引入木工活动。

今天，我们看到人们对木工活动重燃兴趣。当我观察儿童做木工时，他们高度集中的注意力和参与度以及他们的高水平思考方式总能给我留下深刻印象。木工活动确实对孩子们有着深远的影响，我真的很希望所有的教育环境都能够设置木工区。

露西·弗里曼，布里斯托尔圣维尔堡公园幼儿园助理园长

我花了整个上午的时间来做我的大篷车，现在我要坐上它去度假。

安娜（Anna），4岁

第三章 木工活动的学习与发展

> 木工活动是培养儿童创造性与批判性思维的有效工具。在木工活动中，孩子们有无数的机会来面对与解决复杂问题、表达他们无限的想象力。根据我们在圣维尔堡公园幼儿园的经验，木工活动是孩子们最喜欢的活动之一，对他们的学习与发展的影响显而易见。
>
> 利兹·詹金斯，布里斯托尔圣维尔堡公园幼儿园园长，教育标准局督学

章节概述

　　本章中，我将深入探讨与木工活动有关的丰富的学习与发展机会；我也将讨论木工活动如何支持孩子们的学习倾向，以及他们如何在丰富的体验式学习的基础上进行有效学习；我还将进一步解释木工活动如何包含EYFS课程的所有特定领域，特别是在个人发展与思维技能方面。此外，本章还探讨了木工活动如何发展儿童的持续性思维，并对儿童创造性发展的监测进程进行了思考。

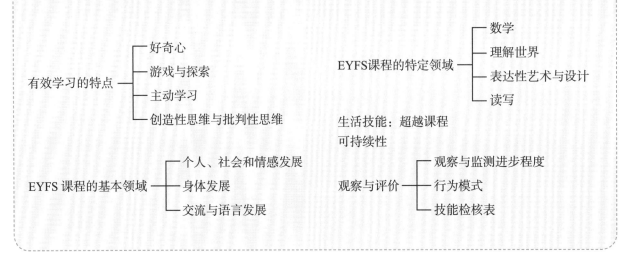

　　起初，人们很轻易地就认为木工活动是一种外围的活动——像是额外附赠的。但我相信，木工活动应该处于丰富课程学习与发展相关内容的核心位置，也应包含早期基础阶段（Early Years Foundation Stage，EYFS）教育体系的核心。由于我的实践研究在英国，我将重点关注EYFS课程，它与其他早期课程如国际文凭小学阶段项目（International Baccalaureate Primary Years Program，IB-PYP）存在很多共同之处。此外，为了涵盖其他课程所强调的领域，我进行了部分扩展，例如苏格兰的"卓越课程"（Curriculum for Excellence）、威尔士的"基础阶段"（Foundation Phase）课程以及新西兰幼儿教育教学大纲。

在规划和评估活动内容时，上述早期课程的许多方面均可以作为参考，它们展示了木工活动是如何真正包含儿童学习与发展的诸多方面的：作为一项活动，它可以成为课程规划的核心；作为一门跨学科课程，它涉及所有学习领域，并使它们之间建立联系。

有效学习的特点（Characteristics of effective learning）

木工活动涵盖了有效学习的所有特点，这些是构成孩子们的学习的基本要素。通过对木材的调查、对材料特性的探索、对工具的操作以及极具创造力的直接学习，孩子们将会形成一种持久的有效学习风格。

EYFS课程中，有效学习的特点包括：

发现和探索

游戏与探索　　　　　玩他们所知道的东西

愿意"试一试"

参与并集中精力

主动学习　　　　　　持续努力

享受他们开始做的事情

续表

创造性思维与批判性思维	有自己的想法
	建立联系
	选择做事的方式

好奇心（Curiosity）

好奇心是儿童学习的核心，也是探索精神的起始，支撑着上述三个有效学习的特点的基本领域，它提供了探索的内在动力。婴儿生来就好奇，具备探索周围世界的动力。在幼儿时期，好奇心驱使孩子们去探索和玩耍。它是动机和参与的催化剂，鼓励孩子们去建立联系、进行关注与产生疑惑，并提出新的问题来表达他们的想象力。好奇心是感知和理解充满奇迹和可能的世界的方式，将诱发发现新事物和探索新知识、新技能、新场所的乐趣。大多数孩子在进行木工活动时，都会带着好奇心。有些孩子由于早期某些经历的匮乏而没有表现出高度的好奇心，因此，我们必须尽全力去重新激发和培养好奇心来弥补他们的劣势，木工活动通常被证明是做到上述这一点的有效媒介。正是由于看到了木工活动给弱势儿童带来的极大好处，许多学校使用"小学生津贴"（The pupil premium）来购买木工设备。好奇心是儿童通过木工工具与材料进行修补和制作活动的根本动因，保持好奇心对终身学习至关重要。但不幸的是，随着课业负担的增加，许多孩子并没有条件或机会进行这样的活动。

游戏与探索（Playing and exploring）

游戏是早期人类发展的最高表现，唯有游戏才是儿童灵魂的自由表达。

福禄贝尔

　　在木工活动中，孩子们通过各种玩法来探索他们可以用工具做什么，好奇心是驱动他们进行测试、调查和实验的核心要素。起初，许多孩子在挑战使用新设备时对木工活动有点担心，但有了正确的支持和鼓励，他们便会觉得很容易。勇于尝试而不被害怕所束缚是接受新经验的一个重要特征，要在孩子们已有技能的基础上定期开展木工课程，随着课程的推进逐步扩展他们的思维，并协助他们为自己设置新的挑战。只有这样，他们的技能和知识才能得到真正的发展。

主动学习（Active learning）

　　木工活动强调"做中学"。当孩子们主动学习时，他们会表现出高度的专注和投入。

　　比利时鲁汶大学的弗雷·李福斯（Ferre Laevers）设计了一个儿童活动参与量表来监测儿童的参与程度，等级从第一级到第五级。其中，第五级的描述为儿童在活动中表现出持续而高度的投入。具体来说，儿童应该表现出诸

如专注、创造、活力和坚持等状态（这些在木工活动中都很常见），在强度上也要持续很长一段时间（木工活动具备这种特别的可能性）。不难看出，孩子们在木工活动中的参与程度的评价通常会保持在第五级或以上。

在木工活动中，孩子们表现出极高的专注与参与程度。因为使用工具本身需要一定程度的专注，而带着强烈的创造欲望还会使孩子们在解决问题和完善作品时更加专注。孩子们在木工活动中的专注水平通常会达到在其他活动中罕见的程度，但不局限于他们专注的深度，还在于他们专注的时长。对于孩子们来说，在木工台上工作一整个流程并不罕见。

孩子们在这样的建构活动中表现出极大的自豪感，也从中获得了很强的满足感。我记得有一个男孩坚持挑战完成一辆车，并努力确保所有车轮都能转动。他不得不多次解决问题，不断改进自己的设计和方法，直到最后成功。当工作完成后，他小心翼翼地把所有的部件取下，放回盒子里，等着改天再用。完成这些后，他才继续进行另一项活动。在整个过程中，他都活力十足、充满自信。他现在具备的学习技能，今后可用在更复杂的设计中。木工活动可以被看作一种促进能动性的活动，培养孩子们的自我意识和在任何特定环境中行动的能力。

维果茨基（Lev Vygotsky）的最近发展区（Zones of proximal development）和斯坦福大学心理学教授卡罗尔·德韦克（Carol Dweck）关于心智模式工作（Work on Mindsets）的研究都与这种主动学习的特征高度相关。

近端发展学习的层次（Proximal development — layers of learning）

木工活动是可以支持儿童扩大他们的近端发展区的较好方式，因为它在没有成人帮助的情况下扩展了孩子们的能力范围。维果茨基认为，木工活动是一种可以说明儿童学习发展阶段的出色活动，在从依靠他人支持来学习新技能、解决问题转向独立开展木工活动的过程中，孩子们提升

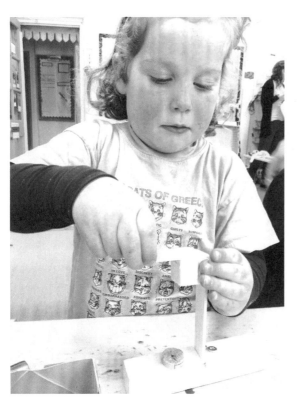

了学习层次、构建了新的知识，也扩大了最近发展区。孩子今天能在成人支持下完成的任务，明天就能独自安全完成。这将进一步激励孩子们尝试更具挑战性的任务，他们可以从使用新掌握的技能实现以往无法完成的目标的过程中获得极大的乐趣。布鲁纳也提倡这种支架式发展的价值，他曾写过儿童通过游戏进行螺旋式的学习。

成长型心智模式（Growth mindset）

德韦克撰写了大量关于心智模式的文章，并讨论它们如何支撑儿童的学习。她谈到了成长型与固定型两种心智模式：成长型心智模式的人倾向于认为自己的能力可以不断提升与扩大，能接受挑战、风险和失败；固定型心智模式的人倾向于认为自己的能力是固定的、不可能有发展，往往试图避免挑战、风险和失败。德韦克认为，固

定型心智模式会阻碍孩子们探索全新领域和发展未知能力。

　　总体而言，成长型心智模式比较符合木工活动中所体现的发展类型。随着它所包含的多层次学习的进行，孩子们不断地扩展他们的能力和发展一种积极进取的态度。他们会渐渐发现以往所学可以用来做什么，不断寻找新的问题解决方案和改进方法来提高自己。这有助于形成成长型心智模式，也会支持他们成为终身学习者。

创造性思维与批判性思维（Creative and critical thinking）

　　据我所知，还没有其他活动能像木工活动一样有效地促进儿童创造性思维与批判性思维的发展。我相信，这正是木工活动的吸引力与成功的核心所在。

　　我们应该欣然接受由木工活动带来的儿童创造性思维与批判性思维的培养机会。我们生活在一个瞬息万变的世界，教育系统无法应对这样的变化，许多孩子将来会从事目前尚不存在的职业。这就要求我们的下一代能够创造性地思考、适应与创新，发展解决问题的能力以应对迅速变化的世界的挑战。这比以往任何时候都更重要。

　　好奇心和想象力为孩子们的强大思维的发展奠定了基础。面对要做的东西，孩子们开始表达他们的想象力，提出创意想法并作出选择，比如，"我要做一只长着牙齿的恐龙""我要做一个梯子去月球"。孩子们会想尽办法来协调他们的工作，也会发挥他们的想象力，在一盒边角料中寻找最适合的形状来满足需求。他们通过创造性思维与批判性思维的过程，对自己的作品进行设计、加工和完善。木工活动无疑是非凡的，它可以融合许多创造性思维与批判性思维的技能。

创造性思维	批判性思维
选择范围扩大的/包括发散思维	选择范围缩小的/包括聚合思维
产生多个想法的	分析的
多种可能玩法的	合成的
后置判断的	思路清晰的：厘清与加工
扩大视野的	推理的

寻找不寻常的	选择：基于观察与证据的
结合/整合元素的	作出判断的，作出决定的
可视化的	分类的
想象选择范围的	凝练的，精选的
基于他人思考的	刻苦练习的/专注的
凭直觉的/预感的	预测的
有许多正确答案的	建立联结的
好玩的	通过回忆/记忆联结的
寻找多种可能性的	评估的
暂停判断的	反馈的，评价的
横向思维的	统计与假设检验的
猜测的	证明的

孩子们在发展思维的过程中会以多种方式运用他们的想象力，思考如何最好地利用现有资源，然后提出各种可能的解决方案并付诸实践。木工活动在为孩子们提供解决问题的机会方面是无与伦比的，他们会在活动中不断推理、分析、选择与反思，这种深度的认知参与是显而易见的。

在木工活动中，提高孩子们分析推理能力的途径有很多，他们有很多机会来制订计划和选

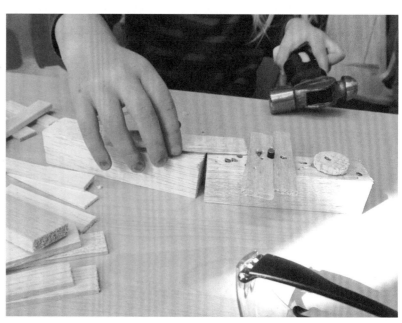

择合适的解决方案。诸如"我怎样才能最好地将这些部分结合起来""我怎样才能做一个……""我怎样才能使用这个工具……""我怎样才能让钉子站直"这些问题通常会涉及猜测、直觉、验证预感及尝试错误,孩子们可以反思工作的过程与成果,看看哪些工作是成功的,而哪些工作是失败的,并且评估某些工作是否可以换一种方式进行。孩子们也可以对工具、规则和安全等进行反思,让孩子们用拍照来记录也是帮助他们进行反思的一种方式。在回顾活动过程的时候,孩子们就有可能将木工活动与其他学习领域建立联系。

在木工活动中,孩子们通常会同时运用创造性思维与批判性思维的技能,并在两者间波动。米哈里·契克森米哈赖将之称为"心流状态",并指出"心流状态"会使得孩子们产生幸福感和满足感。儿童是高度复杂的思考者,他们需要"心流"的经验。他提出,"心流"是一种使人们沉浸于当前活动中而忽略其他一切事物的精神状态,为了达成目标,即使花费巨大也在所不辞,这种全身心投入活动的体验是十分令人愉快的。他还提出,"心流"最有可能发生在高技能和高挑战相结合的情况下。

完全投入一项活动中并达到"心流状态",具有如下特征:

☐只注意和专注于当前工作;

☐行动与意识的融合;

☐反思性的自我意识丧失;

☐强大的个人控制感;

☐失去时间感;

☐获得成就感。

席尔瓦诺·艾瑞提(Silvano Arieti)在他的著作《创造力:魔法的集成》(*Creativity: The Magic Synthesis*)(1976)中也强调了创造性思维与批判性思维之间的协同作用能够促进创造力的发展。

想象力(Imagination)

随着对工具及其使用方法的逐渐熟悉,孩子们的创造性思维和想象力开始真正显现出来。当孩子们想要表达自己的想法时,作品将是高度个性化与多样化的,其中也会运用到许多不同的制作方法。有些孩子尝试使用不同的工具,而有些孩子探索故事和创造场景,但他们都在过程中获得了纯粹的乐趣。还有些孩子会探索简单

的概念，比如如何让轮子真正转动起来。很多作品都具有代表性，比如尖尖的刺猬、飞天的灯柱造型或是超级厉害的直升机。有些孩子甚至在创作抽象艺术作品时融入了不同的形状和形式。

开放式的探索（Open-ended exploration）

我们要鼓励孩子们追随他们的兴趣来推进各自的探究式学习。孩子们应该遵循自己的兴趣而非按照老师的规定进行活动，但可以让他们按照设定的目标完成一个特定的项目，如制作鸟屋（bird boxes）。当孩子们追随自己的兴趣、解决自己的问题、提炼和形成自己的想法、反思和评价自己的工作时，就为他们提供了强大的内在动机和高度的参与、享受。

拓展思维（Extending thinking）

鼓励孩子们发展创造性思维与批判性思维的能力将会很好地帮助他们在各个领域中的学习，并能激发他们潜在的创造力。在木工活动中，通过决策的帮助和机会与挑战的应对，孩子们积累了生活的经验。当然，这也发展了我们观察与评估儿童的能力。我相信，许多与创造力相关的思维技能都需要精心培养，成人一定要积极参与到孩子们的深度思考中（见第五章）。孩子们天生就具备好奇心和求知欲，他们也有强大的、无限的想象力来产生新想法。但创造性思维与批判性思维对儿童来说是一项新兴技能，并需要作为影响所有学习领域的宝贵技能加以培养和扩展。

摄影是一种思维可视化的工具（Photography as a tool to make thinking visible）

由于孩子们往往会在木工活动中非常专注和投入，拍摄照片可以在后续回顾与过程对话中发挥启发性的作用。一图胜千言，回看照片为重新连接木工活动的整个过程提供了方便。照片可由教师或者孩子自己拍摄。孩子们拍摄的照片往往会引起更多的共鸣、激发更多的对话，但他们往往过于专注，无法在拍照和工作之间很好地切换。回看照片的过程中，我们可以分析孩子们发展创造性思维与批判性思维的过程，这也能够反映其元认知理解的发展。

大脑发育（Brain development）

高度投入和深度学习是大脑显著发展的直观标志。当孩子们全神贯注地面对挑战、解决问题、表达自己的想象力、开启创造性思维与批判性思维的认知过程时，他们实际上是在构建新的神经通路。发展心理学家艾莉森·高普尼克（Alison Gopnik）撰写了大量关于这种神经发展的文章。作为一种动觉活动，木工活动通过动作与触觉体验在皮肤、肌肉、关节和大脑之间传递信息，以刺激大脑的发育。

EYFS课程的基本领域（EYFS prime curriculum areas）

个人、社会和情感发展（Personal, social and emotional development）

　　在情感方面，木工活动能给予孩子们一种成就感，那就是："是的！我能做到！"木工活动的经验有助于孩子们培养技能和获得加深理解的知识。

特里·古尔德，早期教育顾问和教育标准局督学

　　木工活动的目的不是为了发现孩子们做了什么，而是为了了解他们内心发生了什么。许多教育家认为木工活动具有培养孩子的自我意识和自我认知的潜力。奥托·所罗门和哈佛大学"零点项目"（Project Zero）团队对此进行了广泛的讨论。

　　在木工活动中，我们为孩子们提供工具，但反过来，他们也在开发工具，并可用于多种情况下。正如皮亚杰所说，主动的体验式学习将"引导孩子为自己构建工具，进而使得儿童的认知结构从内部发生转化"。

　　正如我们将在本节中看到的，木工活动对儿童的个人、社会和情感发展有着重大影响。孩子们在木工活动中所获得的幸福感将会提高他们的自信心、提升他们的自尊心。

　　随着孩子们更加熟练与能干，他们对自己的能力也更加有信心，并逐渐形成制造者身份。木工经历将帮助孩子们获得对过程和成果的自豪感，也提升了他们的元认知和自我调节水平，这将帮助他们形成一种会影响到学习各个领域的倾向性态度。

　　下列多种元素可以解释为什么木工活动对儿童发展如此有意义：

☐获得成就感；

☐尝试新体验；

☐获得新技能；

☐感到被激励；

☐发展独立性；

☐发展自信心；

☐发展力量感；

☐发展坚持性；

☐冒险；

□专注与投入；

□培养心理弹性；

□疗愈与正念；

□培养社交技能和协作能力；

□换位与移情；

□自我调节、自我照顾和在意他人；

□为成就感到自豪；

□元认知。

获得成就感（Feeling valued）

在有机会使用真正的工具时，孩子们会立即感受到被重视和责任感，他们因受到尊重和信任而感到被重视。这样的真实经历可以培养孩子们的自主意识，会让他们感到被赋予了权利，也对他们的自尊有显著影响。使用真正的工具会让孩子们负有责任，这一事实似乎也反映在他们希望认真对待自己的工作的愿望上。

尝试新体验（Trying new experiences）

对年幼的孩子来说，这将是他们第一次接触木工活动。由于对任务的内容不熟悉与难度超出舒适区，导致孩子们仅仅是参与也会存在风险。与任何其他新经历一样，年幼的孩子在最初会感到忧虑。同时，大多数孩子从来没有使用过木工工具，甚至他们以前可能还被告知不能触摸它们。

当选择软性巴沙木和符合人体工程学的工具开展木工活动时，孩子们会发现学习这些技能很容易，而且很快就会自信地敲钉子和拧螺丝。这会带来一种巨大的成就感，克服他们以前认为具有挑战性的困难，再次提升了他们的自尊心和自信心。孩子们不断掌握更多的工具和技术时，更会为自己能完成复杂的任务而感到自豪。随着孩子们的进步，他们将更有自信去尝试新事物和新想法、享受新体验带来的喜悦。木工活动确实能激发孩子们的好奇心和对探索的热情。

获得新技能（Gaining new skills）

在木工活动中，孩子们需要学习很多技能，有很多工具要学习使用、很多技术要掌握。作为成人的我们学会新技能时感觉都会很好，对孩子们来说也是一样的，新技能的习得会极大地提升孩子们的自尊。正在木头上拧螺丝的卡娅（Kaya）大笑着说："我一个人就能搞定！"

感到被激励（Being motivated）

好奇心是促使孩子们参与木工活动的催化剂，他们总是对什么都充满好奇：工具如何工作、能用来做什么，木材本身的多样性以及被加工的可能性，木料是如何黏合与建构的，等等。因此，无论是工具演示过程中的熟悉与练习，还是想要完成作品或者项目的意愿，孩子们都能表现出极高的动机水平与目标意识。

发展独立性（Developing independence）

在不断行使选择权和决定权的过程中，孩子们变得更加独立。首先，木工活动所保持的开放性有助于诱发孩子们的好奇心和进行自我激励。鼓励孩子们自主、独立地使用大部分木工工具与相关资源，也鼓励孩子们发出自己的声音、与他人交流想法、表达意见、提出解决问题的方案。其次，木工活动本就适合单独进行，这也增加了孩子们按照自己的意愿行动的机会。最后，孩子们还可以在木工活动中学习自我管理和组织安排区域环境。总之，在木工活动中，孩子们应该被赋予更大的权利，协助他们对整个世界进行塑造与影响，促进独立性的发展。

发展自信心（Developing confidence）

随着木工技能和技巧的掌握，孩子们对自身能力的信心也会增强。首先，在建构过程中，许多挑战和问题都会自然出现，这为他们分析问题与找到解决方案提供了机会。这个过程也强化了他们作为调查员、问题解决者与决策者时的自信心，木工活动使他们获得了一种自信、敢做的态度，而且不会轻易被挫折吓倒。其次，在寻求帮助、适时支持与指导时，他们也会获得自信。再次，随着孩子们的不断进步，在学会处理更复杂的任务时，他们的自信心再次增强，因为这些都建立在以往的学习的基础上。最后，木工活动也为孩子们提供了将技能传授给他人的机会，他们会乐于教其他孩子，这正是他们完全掌握技能的证据，也为他们建立自信心做出了贡献。

发展力量感（Developing agency）

力量感是指选择采取什么样的行动——有权做一些有影响的事情。孩子们不断学习事物的运作方式，并发现他们可以通过制造来塑造周围的世界。这赋予了孩子们一种"我能做"的乐观态度与强烈的力量感，培养他们积极主动面对世界的性格，以便于他们进行独特的表达。这种力量感使孩子们感到有能力，并相信自己有能力，即自己可以选择做什么，也可以影响和改变周围的世界。很明显，发展力量感的最佳途径是孩子们不断规划项目、制订问题解决方案，而非说教式的教学。力量感将发展出孩子们作为制作者的身份（认同）。与力量感相关的"我能做"的态度、足智多谋的状态也会扩展到其他领域，并赋予儿童改变、挑战结构和系统的力量。

发展坚持性（Developing persistence）

木工活动也培养了孩子们的坚持性与毅力，这是因为：它所涉及的许多任务都需要时间，且不是总可以轻易完成；它的任务内容分散、细节琐碎，也不是总能按计划顺利进行。在木工活动中，孩子们似乎能积极响应活动的真实自然，能够坚持不懈，勇于面对挑战，努力研究并掌握有难度的技术，并找到问题解决方案。虽然有时会遇到令人沮丧的事情，但他们往往能克服困难，并表现出持续不断的兴趣和继续前行的决心。

困难与挑战可以成为木工活动的魅力，因为孩子们着迷于尝试许多的可能性和不同的问题解决方案。

孩子们的坚持性往往会促进他们的智慧发展。他们会坚持不懈地找到替代物或找出替代方案，使得工作得以继续。

孩子们的坚持性会体现在身体动作上，如锯断一大块木头、钉上一个大钉子、钻一个深洞；也会体现在认知上，例如，想出如何将桅杆连接到船上，如何更好地使螺旋桨转动，如何使模型平衡直立。孩子们通常会花很长的时间来完成某个项目或者作品，当天完成不了的工作第二天仍然继续，有时甚至持续更长的时间。

坚持性会引导孩子们小心、用心做事，尽自己最大的努力找寻最好的解决方案，追求过程与作品的质量。这将影响他们对木工活动的感觉与对作品的自豪感，这种对工艺过程与结果的关注有时也被称为完整性。孩子们有耐心、乐于花时间、具备心理弹性、有毅力、关注细节以及表现出一些激情和奉献精神，这些品质往往是影响孩子们理解和渴望参与木工活动的重要因素，而它们往往会在孩子们的分析性的反思过程中不断发展。

冒险（Taking risks）

对许多孩子来说，木工活动将是一种全新的体验。对未知的事物探究与对不确定因素的尝试往往是一个有效学习者的成长过程的一部分，乐于尝试新事物为孩子们未来的学习奠定基础。

　　除了学习如何应对身体上的危险外，孩子们还要发展对风险的情绪态度。木工活动中，孩子们可能会面对未知的不安、失败的风险、无力或尴尬等各种情况。而正是通过直面这些挑战与风险，孩子们获得学习、发展与成长。当然，他们需要克服情感风险，诸如"我们准备好尝试新工具了吗""我们准备好冒险去尝试新东西、去尝试在舒适区外的新挑战了吗""我们准备好学习新技术了吗""我们准备好犯错误了吗""我们准备好提出创造性的想法了吗""我们想好用什么形式表达这些想法了吗""我们敢于尝试以前没做过的事情吗"等问题。

　　能否在身体与情感方面直面可能的风险，取决于孩子们自身的幸福感、自信和自尊，这对有效学习的开展至关重要。只有不断进行尝试，我们才能立于不败之地。我们的错误为我们提供了学习、发展与成长的机会。此外，在培养和支持孩子们的自信和心理弹性的发展过程中，成人所扮演的角色也非常重要。因此，成人在这些方面也需要变得专心、敏锐，来观察与鼓励孩子们（见第五章）。

　　在监管良好的环境中，孩子们能学会管理使用工具中所产生的身体风险。对他们来说，最大的风险是没有体验到风险。所以如果不学会如何判断风险，将更容易导致事故的发生。换句话说，如果孩子们能在使用工具时对潜在风险作出判断，他们便能发展自信心，也不会过于胆怯。

专注与投入（Concentration and engagement）

　　在木工活动中，孩子们的舌头会经常伸出来。目前，心理学研究将该现象归因于孩子试图完成同时涉及认知与精细动作能力的具有挑战性的任务时所表现出的注意力高度集中的状态，伸舌头动作被认为是帮助自己集中注意力的行为，或向他人告知"请勿打扰"的视觉信息。神经学理论则认为，该现象的原因是手部与口部的神经脑区位置相近，两者互动频繁。

　　孩子们在木工活动的过程中会表现出高度投入与专注的状态，常常会超过一小时，他们的注意（focus）与坚持（persistence）对持久专注能力（concentration）的发展影响巨大。孩子们的专注和注意有两个层面：一是他们需要集中注意力，以便顺畅地使用工具；二是随着作品创作的推进，他们需要进行深层次的思考，以便表达想象力，想出最好的问题解决方案，完成预期的木工作品。许多教师报告，这种注意力长时间集中的状态已经开始影响孩子们在课堂上的总体注意力水平。这让我们深感欣慰。

培养心理弹性（Developing resilience）

木工活动也可以增强孩子们的心理弹性。不断出现的难以预料的挑战与挫折会导致孩子们无法按照原计划行事，比如木头可能裂开、拇指可能被撞疼或者轮子可能掉下来等，而这些正是学习的机会。如果停止尝试，它们就只会变成失败。做木工的孩子一般积极性都很高，有完成任务的强烈愿望，即使需要相当多的体力劳动，他们也会坚定地坚持完成任务。有时孩子们做好的作品也会出现问题，但在经历最初的失望之后，他们往往会重整旗鼓，通过动脑动手用心修复，使作品更有活力。这个过程将会帮助他们感受自己的控制力，心理弹性也将进一步得到强化。

疗愈与正念（Therapeutic benefits and mindfulness）

成人接受木工培训时，经常提到木工的疗愈性。对于年幼的孩子来说，这一点也是显而易见的。当全身心地投入木工活动时，他们的手和脑都融入了创作流程之中。工作现场的氛围虽然积极甚至略显忙碌，但整体上是很平静的，因为工作中的孩子们不会轻易分心。这也是使孩子们感到快乐、满足和如愿以偿的一种情绪状态。

培养社交技能和协作能力（Developing social skills and collaboration）

木工活动也有助于促进孩子与他人合作，使他们能够学会分享、轮流、协商和相互支持。当孩子们一起讨论和计划项目时，他们的社交技能以及对他人想法的理解力都会得到发展。他们知道分享想法的价值、能够看到别人如何解决问题，也会获知提供反馈的价值。

在木工活动中，孩子们之间的相互鼓励和支持十分常见。当一个孩子遇到困难时，其他孩子往往会提供建议与"指点迷津"，以帮助其达成目标。孩子们也会相互鼓励并施以援手，他们经常会注意到，在特定情况下多施以援手是有帮助的。这部分孩子会成为"小老师"，向同伴展示特定的技能、技巧或演示如何使用新工具。当然，即使是独立工作，孩子们也会在找寻和分享资源时相互协作。

协作经常被认为是当代经济社会所需要的关键的学习技能之一，因此我们要始终抓住发展和扩展这个技能的机会，我认为我们有责任分享与传播这方面的知识。学会协作是学习型社会的一部分，所以鼓励孩子们协作显然对所有人都有益。在更广泛的创客群体中，存在着一种合作共赢、信息共享和技术交流的良好风气。合作能力也会促进慷慨地接受帮助和支持、提供建议和援助的文化氛围的形成。在木工活动中，孩子们会发现他们可以向每个人学习，也可以给予每个人回馈。

在这本书稍后的章节，我将讨论协作项目学习，并重点介绍孩子们如何通过密切合作解决具体问题（见第七章）。

在《创客空间行动手册》（*Makerspace Playbook*，2013）中，对于协作元素的总结如下：

> 培养创客心态是一项基础的人类发展项目——它支持着人类在身体、精神和情感上的成长和发展。它应该关注"全人"状态，因为任何真正有创意的事业都需要我们的全部投入，而不只是部分；它也应该植根于人类能够面对面地分享知识和技能。

换位与移情（Perspective and empathy）

一般来说，当我们观察他人创造和解决问题时，就可以学习换位思考。培养孩子们从他人的角度看世界的能力，有助于他们用新的方式理解事物。了解他人的观点也会促使孩子们质疑自己的假设。随着思考、讨论和合作的不断深入，他们的换位思考能力也将通过在项目上的密切合作得到发展。这些过程还将为孩子们提供体验和理解他人感受、培养同理心的机会。

自我调节、自我照顾和在意他人（Self-regulation，self-care and awareness of others ）

木工活动能促进自我调节，这是一种在不同情况下自觉调控自身行为和情绪的能力。在木工活动中，孩子们会使用多种方式规范自己的行为。例如，在分心后能够重新集中注意力，或在努力完成任务的过程中控制自己的挫败感。

在木工工作台上，攻击性行为很少发生。随着孩子们全身心地投入他们的工作中，通过使用真实的工具而获得的力量感令他们感到自信和坚强。在这样的氛围下，孩子们一般没有空闲与他人发生争执或对他人产生干扰，因为当他们感到胜任和满足时，争论或干涉就很少发生了。

木工活动也可以发展孩子们的责任意识和自我照顾意识，因为他们明白与理解安全地使用有潜在危险的工具的必要性。孩子们有机会在监管良好的环境中冒险，有机会自己评估风险并作出判断，有机会学习如何保护自己的安全，这对他们来说是弥足珍贵的。

木工活动还可以帮助孩子们了解对自己和他人的安全负责的重要性。孩子们对潜在危险的评估增强了他们的自我意识，也培养了他们对自己的行为的责任感。例如，在使用木材时，就需要制定一些规则。孩子们需要知道工具可能会伤到他们，也需要学习、了解安全距离在保护自己与他人免受潜在伤害上的必要性。例如，意识到自己在用力锤击时需要明确手指的位置，也需要戴上安全眼镜来保护眼睛。

当孩子们逐渐了解安全规则和界限是如何帮助他们安全地合作时，就会越来越理解需要在一定范围内进行工作，也会越来越尊重所使用的工具。行为管理有困难的孩子也往往渴望有机会加入木工活动，一旦加入，他们往往会小心翼翼地遵守安全规则和界限。

为成就感到自豪（Pride in their achievements）

从参与木工活动的孩子们的脸上，我们可以清楚地看到满满的成就感。在木工活动中，任何人都很容易观察到孩子们非常享受这个过程、乐于获得更复杂的技能和解决工作中的难题，比如了解木材的特点，使用锯子、榔头等工具以及由此产生嘈杂的梆梆声。他们还满足于作品创作

所获得的成就，当与父母和重要他人进行分享时，他们时常会表现得非常兴奋。多年后，经常有孩子或者父母告诉我，他们家里还保存着当年的木工作品。可见，木工活动给他们带来的创作的喜悦、满足和自豪是显而易见的，而这些因素的结合对孩子们进一步建立自尊心和自信心至关重要。

元认知（Metacognition）

元认知是一种意识与理解自己学习过程的能力。木工活动在帮助孩子们更了解自己的学习

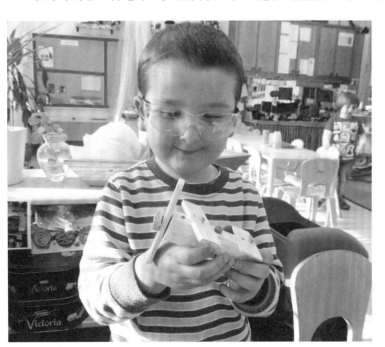

方式与思考自己的学习过程方面起到了不可或缺的作用。它有机会发展儿童对学习与创作过程的理解，并使他们在许多阶段进行反思和分析，能很好地帮助他们更深入地了解自己的学习过程。他们还可以反思所学的技巧，看看坚持会得到怎样的回报，思考如何用不同的方式完成任务，了解如何在以往经验的基础上开展学习，以及领悟将不同的学习领域联系起来的意义。

木工活动为孩子们提供了另一个可以互相分享学习的环境。年幼

的孩子通过观察和模仿年长的孩子或在木工活动方面更有经验的孩子而获得进步；年长的孩子也乐于向年幼的孩子或者经验不足的孩子提供意见和建议，因为后者在实现他们自己设定的创作目标上可能存在困难。在这个过程中，年长的孩子能体验到作为一名拥有可以与他人分享的知识和技能的教师的感觉。

显而易见，木工活动对孩子们的个人、社会和情感发展有着多重益处，特别是在自信和自尊方面。当然，每个孩子的木工体验会有所不同，但对于许多孩子来说，它真的可以带来明显的变化。

身体发展（Physical development）

木工活动为孩子们的身体发展提供了许多机会，他们不仅学会了安全地操作工具，而且对工具的控制力也越来越强。

木工活动可以帮助孩子：

□发展手眼协调能力；

□通过提高控制能力学会安全地操作工具；

□通过优化平衡发展姿态，诸如站位、持工具的姿势等；

□发展敏捷性与灵巧性，提升操作技巧与肌肉力量；

□发展精细动作技能和粗大动作技能；

□调节动作的轻重感；

□提高动作的精准度；

□发展核心力量；

□形成空间意识，习得相应的方位词汇；

□培养对身体空间和他人需求的理解力；

□通过感官发展各种意识。

在强化手眼协调能力的木工活动中，随着孩子们敏捷性、灵巧性的发展和操作技巧、肌肉力量的提升，他们对自己身体的控制力也越来越强；随着平衡能力的优化，他们发展了身体姿态，能够有效地使用与操作工具；随着位置感知和运动意识的提高，他们的本体觉和运动觉也不断发展。孩子们的小臂、手腕和手指的控制能力同样得到了发展，而这些部位的灵巧将使他们受益良多，比如学习使用餐具、厨具、剪刀或支持早期涂鸦的钢笔与画笔等。

木工活动融合了精细动作（拿钉子、拧）与粗大动作（锤、锯）的发展，动作技能的类型也很多：推拉（锯子、锉刀）、旋转（螺丝刀、手钻、扳手、老虎钳）、拔或撬（羊角锤、日式拔钉器）、摩擦（砂纸）等。比如敲钉子或拧螺丝螺母将有助于手眼协调能力的发展，使用单手工具（螺丝刀、扳手）和双手工具（手钻）将有助于空间意识的发展和相应的方位词汇的习得。

木工活动可以提高孩子们动作技能的精确感，比如在锤击时保持钉子竖直，或沿着所需的线进行切割。木工活动也可以调节孩子们动作技能的轻重感，比如要将钉子钉入木头，先是轻锤，然后是用力锤。只有不断调整锯切的动作与调节锯切的力道，孩子们才能收获平滑齐整的切割面。

随着对木工工具越来越熟悉，孩子们会变得更加熟练，他们会很自然地调整位置与姿势，以便更有效地发挥肌肉的作用。比如学会在使用锯子时调整姿势，表现为左腿向前、右腿向后，更有效地增强力量控制和力道（对左利手儿童来说则正好相反）。

孩子们的核心力量在使用各种工具（如锤子、螺丝刀或锯子）的过程中得到发展。当他们在经过坚持最终锯断木头时，脸上会自然地呈现出喜悦。这是一个奇迹：他们发现自己真的能够做到，这是多么令人骄傲而惊奇！

在木工活动中，通过理解与他人保持安全距离的重要性，孩子们意识到了自身的存在对他人的影响。他们还学习到了如何安全地搬运工具：当拿着工具走动时，应侧握而不是尖锐面朝前。

木工活动还有助于提升孩子们的感知觉水平，因为孩子们能触摸到不同质地的木材、体验到木工工作中各种气味的混合与各种声音的交织。

总之，木工活动是一种动觉体验，孩子们全身心地参与的状态会深深嵌入他们的记忆之中，而使用工具的经历也会成为他们的身体技巧系统（physical vocabulary）的一部分。

交流与语言发展（Communication and language）

木工活动能够促进交流与语言发展，因为孩子们在活动中有无数的对话机会，随着不断地学习和使用词语，语言能力也得到发展。木工活动可以在以下几个方面帮助孩子们：

☐语言；

☐主动倾听；

☐交流；

☐非语言交流。

语言（Language）

随着不断学习各种工具与材料的名称，孩子们的语言得到发展，他们将学习到涉及整个木工活动的词汇和讨论中出现的关于健康和安全的词汇。

比如，孩子们就木材的性质进行讨论："它是什么""它从哪里来""哪些东西是木头做的""木头都是什么样子的"等，这些对话对于扩充他们的词汇很有帮助。此外，从数学思维到问题

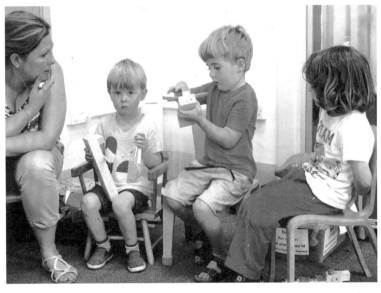

解决的所有学习领域的相关词汇也得到了发展。当孩子们创造和反思他们的工作时，他们表达和描述创造性思维与批判性思维的词汇将得到扩展。

从内容来看，我们要让孩子们有时间来聊聊他们的工作与工作过程，说说他们如何安全地开展工作；从范围来看，这样的谈论可以在更大的群体中进行。这些正是分享学习和交换想法的有效方式，因为它们使孩子们有机会去反思自己的工作并自信地表达出来。此外，我们还可以引入新的技术性词汇与描述性词汇，让孩子们能更深入地谈论他们的工作。随着儿童叙事内容的丰富，比如加入了飞机、机器人、刺猬等形象，他们的词汇和对话也会在往后的游戏中产生演变。

早期儿童的初始语言水平大不相同，但语言本身对所有学习与发展都至关重要。因此，我们需要确保和鼓励孩子们的语言发展，还需要关注语言能力较弱的孩子，为他们留出充足的思考时间来推进持续的对话。

主动倾听（Active listening）

安全使用工具的教学过程是比较说教、刻板的，比如，我们不会让孩子们自己探索如何使用锯子。这里需要的是孩子们的积极倾听与教师的适宜阐释，这也建立了孩子们理解与执行指令的能力。

交流（Communication）

在木工活动项目的开发过程中，孩子们将表达想法，讨论、反思和修改他们的计划。在木工区域里，成人和孩子之间的自然对话也在随时发生。孩子们会用不同的表达方式来阐明他们的思考、想法与理解，他们也会互相分享技能和流程，例如，就分享与轮流进行商量、互相帮助解决问题或分享以前的经验。

但事实上，孩子们往往会处于"心流状态"：他们深深地投入工作中，可能会因为太忙而没

有时间说话。儿童相机也是一件有用的工具，孩子们可以用它来记录自己的工作进展。在今后回顾这些照片时，孩子们会对着自己的照片说很多令人惊讶的东西，例如，解释拍摄过程与说明如何克服挑战、如何解决工作问题等。这样的效果往往比由成人拍摄更好，因为孩子们觉得自己拥有了照片的所有权。

非语言交流（Non-verbal communication）

在密切观察其他孩子工作时，孩子们会通过非语言交流来学习技能和技巧。经验较少的孩子会从经验较多的孩子那里观察并学到不同的技巧，这是一种浸润式的学习方式。我们经常可以看到一个孩子在仔细观察另一个孩子使用一个特定的工具，例如，用合适的砂纸打磨木材边缘、使用不同的螺丝刀拧螺丝、用大榔头敲击钉子等。此外，孩子们还会自然地发展出非语言的反应与互惠行为，使用标识来进行分享、轮流和提供帮助等。

木工工具的使用方法也可以通过视觉方式呈现，即使是语言理解能力不高的孩子也能充分理解。

EYFS课程的特定领域（EYFS specific curriculum areas）

数学（Mathematics）

早期儿童所需掌握的所有数学概念都可以在木工工作台上习得。很多发生在孩子们解决实际问题的过程中的数学学习具有偶发性，但这是他们发展数学知识与理解的自然、真实的方式。

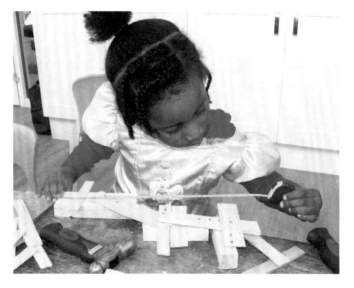

在木工活动中，孩子们有无数的机会去探索算术以及形状、空间和测量，也会涉及许多数学概念，包括匹配、分类、计数、测量、比例、比较、大小、重量、平衡以及二维与三维形状等。他们将会在以下三个方面获得帮助：

□算术；

□形状、空间和测量；

□拓展数学思维。

算术（Numeracy）

木工活动会鼓励孩子们自发使用数字名称和数字语言，因为他们可以使用具体物品来表示数字（如钉子或螺丝的数量），这也鼓励了他们匹配数字和数量。以计数为例，孩子们使用木材的数量为他们学会数数（20以内）与理解相关概念（如多与少）提供了机会。他们可以给所使用的各类材料分类，还可以从较大的数量中数出所需的数量，比如从装满数百个钉子的桶中数出6个钉子。

木工活动也会让孩子们有机会进行推算与估算，并进行数数确认。数字可以与长度相关联，如使用卷尺；基本的数学概念如加减法，可以在拼接木头或拿掉螺丝时得到发展；其他概念如减半或翻倍，可以通过将木头锯切成两段或将两段一样的木头拼接起来来实现。此外，在孩子们研究如何有效利用资源进行想象创作与表达的过程中，也有很多解决数学问题的机会，比如计算出一个洞的深度、两个相邻的洞之间的距离等。

形状、空间和测量（Shape，space and measure）

木工活动提供了许多探索形状、空间和测量的机会。当孩子们在木工活动中设计形状和创作作品时，不仅促进了立体思维的发展，也加深了对形状、角度和空间关系特性的理解。他们有机会注意到木材的侧面、边、角和各类形状，在识别、命名和描述这些形状与特点时，他们的相关理解能力也同步得到发展。

木工活动也提供了探索与比较大小、长短、厚薄、宽窄等概念的机会。孩子们可以通过使用一些基本的测量方法进一步探索下列概念：轻重、长短、高低；线条，包括弯与直、边与角、扁平与尖锐、表面与边缘；指向空间思维的方位，包括直立与垂直、水平与倾斜、下面与上面、后面与旁边。此外，还有很多机会来依据形状和大小进行分类、排序和比较。

木工活动还经常涉及估算，比如通过估算钉子的最佳长度来将两段木头连接起来。孩子们对测量的理解可以通过使用各种测量设备和不同测量单位（包括一些非标准单位）获得支持，他们为完成作品而不得不进行测量的机会应该越多越好，这也正体现了"从做中学"的理念。

拓展数学思维（Extending mathematical thinking）

在拓展数学思维方面，我们首先要关注儿童的工作，并对其产生真正的兴趣；接着要注意他们何时使用数学思维技能，然后对其发展进行鼓励与支持。这样，在此基础上所采取的干预将具有关联性和针对性。我们需要通过提出开放性的问题来鼓励数学问题的解决和支持孩子们的学习；可以将数字语言融入互动中，在各种情况下进行计数，并通过使用诸如"较小""更少"等词语来扩展他们的算术词汇；还可以鼓励他们在各种情况下进行推测，例如，对一棵树的年龄

进行估算，然后通过数年轮来检验。

材料与工具（Resources）

我们需要提供可用的笔和纸，让孩子们可以通过图形来表示他们的数学思维；还需要鼓励孩子们拍摄一些作品模型完成过程的照片，以便他们能够反思自己所探索的数学概念。

此外，还可以提供卷尺、直尺、折叠尺、三角尺、秤、儿童相机、不同年轮的树桩或木段、各种长度的螺丝和钉子，以及包括圆形在内的各种形状和大小的木头。

理解世界（Understanding the world）

在木工活动中，孩子们对世界的理解、对事物运作方式的认识与他们的科学思维的形成都可以通过不同方式得到发展。木工的相关知识中，有的是针对所使用的木材和其他材料，有的是针对工具与工具的使用。具体包括以下一些方面：

▢了解与认识木材和树木；

▢材料的特性；

▢木制品和从事木材工作的人；

▢技术；

▢因果关系；

▢科学、技术、工程和数学；

▢解构[①]。

了解与认识木材和树木（Knowledge and understanding of wood and trees）

熟悉木材和树木是了解世界的一部分。树木对我们星球上的生命来说至关重要，孩子们着迷于了解多样化类型的树木以及它们不同的用途和生长方式。即使是年幼的孩子也可以开始体会到生命的相互联系，如人类对树木和其他植物所释放在大气中的氧气的依赖。我们可以与孩子们一起去了解与认识生活在树上的动物、产出水果和坚果的树，探索树木如何从种子或树苗开始生长，考察不同季节的树木以及它们的生命周期等。

我们也可以带孩子们到树林里观察树木（包括树干、树皮、树枝、树叶、树根），描述树的质地（如粗糙的、有节的、光滑的）、味道（如雪松的香味）和树冠的形状（如纺锤形、圆形）；还可以通过摩擦树皮来生火，用树枝搭一个巢等。所有这些活动都将促进孩子们对木材和树木的了解。要带领孩子们观察随风摇曳的树木，听树叶沙沙作响，听树枝嘎巴一声折断。此外，为了更好地进行观察，孩子们可以用儿童相机捕捉树木的姿态。

我们还可以带孩子们进一步观察树叶：将树叶放在灯箱上，观察它的叶脉和色彩；一起制作树叶印画（将树叶放置在薄纱或者白布上，用锤子敲击出汁液，渗透染色出叶子的形状）。

材料的特性（Properties of materials）

孩子们可以通过研究木材的多种特性来了解它，例如，木头的燃烧（烧火取暖、做饭、制作

[①]　文学评论用语，意指找出文本中的自身逻辑矛盾或自我拆解因素，从而摧毁文本在人们心目中的传统建构。

木炭等）、木制漂浮物（船，树棍过河游戏）。当孩子们追随着永不满足的好奇心时，学习往往会有奇妙的正切与偏离，即关键经验与扩展经验的获得。探索木材的漂浮可能引发孩子们对造小船的兴趣，还可能进一步激发他们对风和帆的探索。

当孩子们真正了解了材料后，他们便会知道材料的具体使用方式是由其特性来决定的。因而，孩子们需要花费较长的时间来探索与测定木材。他们可以通过记录折断木材不同部分所花的力气来探索它的硬度，通过对比不同材料的重量来探索木材的重量，通过摩擦、刮擦、打磨和切割木材来测试它的耐用度。他们还可以观察木材与水的反应，比如吸收、排斥、浸湿、漂浮的情况；发现木材能发出什么声音，比如敲打时、燃烧时、切割时。

此外，孩子们可以通过比较不同类型的木材的差异来探索它们的不同特性与用途，如天然木材与中密度纤维板、胶合板的差异。他们还可以通过比较木屑和刨花进一步了解木材的特性。

木制品和从事木材工作的人（Wood products and people who work with wood）

我们可以认真思考一下树木被砍伐、烘干，继而锯成木板，然后被运到木料场或五金店的过程。在这个过程中，我们可以了解木材是如何转变成各种产品的。日常生活中，无论是室内还是室外，我们都离不开木材和木制品。我们可以从引导孩子们观察周围的木制品开始帮助他们关注木头的不同功能，并使用儿童相机来记录与支持他们的探究。此外，我们可以关注一下许多从事木材工作的人，比如伐木工人、设计师、工匠、木匠、建筑工人、器械制造者等，也可以观看建筑工地或锯木厂的视频剪辑，可能会对孩子们获取这方面的知识有所帮助。

上述的相关知识，将会大大加深孩子们对自然世界和人造世界之间的联系以及人与自然相互依存的理解，并进一步助力他们理解可以通过创造、修复、解构（材料）来对世界产生影响。

技术（Technology）

木工是一种简单的技术。技术（即工艺科学，"Technology of craft"，源于希腊语）是物品生产中使用的工艺的集合，它的本质就是制造物品，把想法付诸实践，发现材料和工具的可能性和局限性，并创造性地克服问题。技术的核心是探索，主要是指探索因果关系，就像一个蹒跚学步的小婴儿通过启发式游戏进行探索那样。

人们很容易认为技术仅仅指高科技电子设备和计算机设备，但简单工具的使用实际上也是一

种基础性技术，在当今复杂的技术世界的发展中发挥了重要作用。

孩子们借由锤子的运动和重量将钉子钉入木材，或者看到作为杠杆的羊角锤或日式拔钉器慢慢将钉子从木材中拔出来，又或者看到手摇曲柄钻的曲柄如何旋转钻头，以此获得对工具及其工作方式的科学和技术理解。儿童可能会进一步与他们见过的其他工具（比如搅蛋器）建立联系，这些都可以发展他们对技术和基本科学概念的理解。

因果关系（Cause and effect）

孩子们通过因果关系学习科学原理，发现导致事情发生的原因。例如，他们会看到钉进一个钉子可能导致木头裂开，或者用一个钉子连接两段木头会发生移动，而用两个钉子就能牢牢固定。在木工活动中，他们将见证曲柄如何带动钻头；钻头如何随着摩擦而发热；螺丝的螺纹如何帮助它被拧入木头；用砂纸摩擦如何产生灰尘和使木材升温；如何使用钳子或老虎钳稳住物体；如何使车轮在车轴上转动；如何修正倾斜的钉子；如何使用杠杆（工具）把钉子拔下来等。孩子们在使用木工工具的同时，也在探索动作与运动。例如，他们会通过调整手部扭转的方式来探索推拉锯子或拧转螺丝的有效方法。

随着工具与木材使用经验的发展，孩子们将进一步加深科学理解、扩展科学知识，并发展出一种意识——什么工具最适合当前的任务，什么类型的木材或其他材料最适合裁切与组装。在木工活动中，他们会很快发现很硬或很薄的木头非常容易开裂。

科学、技术、工程和数学（Science, Technology, Engineering and Maths, STEM）

许多学校采用STEM模式，它是一种横跨科学、技术、工程和数学等的综合教学方法，特点是强调学科之间的互相支持与学科整合的意义。同样，木工活动可以被看作是跨课程学习的理想媒介。要让孩子们真正理解STEM的概念，我们需要为其提供真实的经验而非抽象的替代方案。虽然采用STEM模式，但学校并未提供孩子们迫切需要的STEM学习经验。木工活动可以弥补这个缺憾，它提供了许多探索和调查的真切途径，可以直接与STEM各学科相连接。通过木工活动中的实践学习，孩子们更有可能发展出对STEM各学科的兴趣和追求，可见木工活动是多么重要的媒介。

解构（Deconstruction）

解构可以加深孩子们对事物制造方式的理解。孩子们对物体（如三轮车）进行拆解，可以逐个研究部件，探究它们是如何组装的，从而构建有关设备制造方式的知识；也可以发现各个部件之间是如何相互作用的，进而思考每个部件的用途与它们组合后实现该设备功能的复杂性。

解构鼓励孩子们放慢脚步，深入观察，不断好奇，时时质疑。细心观察尤为重要，要做到这一点，我们需要有持续的时间来关注细节、复杂性及其设计意图。成熟的观察会开启一系列新的探究：孩子们可能会着迷于扬声器，然后更多地探索磁性；可能会好奇于彩色电线，然后制作一个简单电路来进一步探究；可能会感兴趣于齿轮的协同工作，然后深入探索旋转运动。事实上，每一次解构都将引出丰富的探究线索。

解构会提高孩子们设计时的敏感度，形成批判性视角，使他们能够修补并思考如何改进或重新设计对象与系统，而不是陷入更被动的消费者脱离①。需要提醒孩子们的是，在解构时必须小心谨慎，安全措施必须要到位。比如，在木工活动开始前要拔掉所有插头，避免使用有大型电容器的电器（在断开电源后仍会产生电荷）。事实上，我们最好避免使用电器，而更多地使用机械工具。

表达性艺术与设计（Expressive arts and design）

木工活动为孩子们提供了一种奇妙的媒介，他们可以借助艺术与设计来表达他们的想象与创造：

- ☐创意表达；
- ☐设计与制作；
- ☐设置任务；
- ☐开放式探究；
- ☐协同工作；
- ☐审美；
- ☐工艺意识。

创意表达（Creative expression）

木工活动是孩子们表达创造力和想象力的一种媒介，在刚开始时强调的是发展技能并尝试各种可能性；之后，在创作自认为有趣的作品的过程中，孩子

---

① 消费者脱离（consumer disengagement）指消费者对消费品制作全程无参与的状态。

们以各种创造性的方式表达自己的想象力。木工活动的本质是非常开放的，它为孩子们以新颖、独特的方式表达自己的想法提供了可能性。因此，他们的木工作品极具个性且差异巨大，从象征性作品、表征性作品到抽象性作品、叙事性作品，类型多样。有趣的是，孩子们的抽象性作品有时是浮雕作品，因为他们本想使用木头来创作一幅二维的绘画作品，但最终作品往往会变成三维的雕塑。

案例研究3.1 麦克斯和他的泰坦尼克号

前面所展示的图片包含非常强烈的叙事特征。有一段时间，麦克斯十分着迷于泰坦尼克号。当轮到他在木工区工作时，他就开始制造这艘船，并为船长制作了螺旋桨、机舱和船舱。接着，他决定做一台起重机来把泰坦尼克号放入海里。从始至终，麦克斯都必须作出选择与判断，并不断尝试各种解决问题的方案。然后，我们在容器里装满了水，他的泰坦尼克号正式下水了。麦克斯尝试了制造波浪，并重现了泰坦尼克号倾覆的场景。他还试着看看能不能把船（木头）弄沉，随后他又确定需要迅速制造一些救生艇，并认为这些救生艇必须要制造出来，而且要尽快送去救援。但不一会儿，麦克斯想到来回救援的救生艇可能会耗尽汽油，于是他又想制造一个风力发电的加油站，能够给救生艇加油。在这一系列的创作过程中，麦克斯均十分专注，全程投入其中，并对游戏十分满意。最后，麦克斯拆了他的泰坦尼克号和其他装置，到户外继续玩耍。

设计与制作（Design and construction）

木工活动很好地结合了设计和实用技能。设计包括确定任务、制订行动计划、决定如何开展以及随着工作推进而进行完善，实用技能（或工艺技能）则是将上述设计转化为实物的能力。设计与制作的流程会有反复，因为孩子们的工作往往具有流动性与渐进性，他们对木工工作内容的

适应、完善和改变会影响整体的进展。为了减少这种反复，年龄稍大的孩子可能会画一些初步的设计图来帮助自己阐明想法。

木工活动有效地增长了孩子们关于制作的知识。在木工创作过程中，他们会不可避免地进行连接和制作。他们会发现有平边的木块比有角的木块更容易连接，也能找出使连接更稳固或让作品立住的方法等。可以说，在木工活动过程中，孩子们就是设计师、建筑师、建设者和雕塑家。

设置任务（Set tasks）

在木工活动中，最重要的是不要给所有的孩子设置相同的任务方案。他们不应该仅使用预切好的半成品（比如鸟屋材料包），或者仅简单地通过复制范例来制作作品。孩子们全身心地投入木工活动的秘诀在于他们可以遵循自己的兴趣，解决自己的问题，创造自己的作品。当参与既定内容的木工活动时，比如，制作鸟笼或钥匙架，一些孩子会失去兴趣，而另一些孩子会因为不得不遵循限制的指令而感到沮丧。这样的木工活动不能体现他们的能力水平，而且不可避免地更强调结果而不是过程。当所有的探索都由孩子们发起和引导时，木工活动才会变得更有意义。

开放式探究（Open-ended enquiry）

木工活动是支持开放学习与自主探究的极佳方式，其本质就是玩耍。除了木材本身，木工活动所涉及的大量资源如布料、纽扣、珠子、绳子等材料与木材的混合使用，为孩子们的"捣鼓"提供了充分的可能性和多样的选择性，而由此产生的作品自然也都个性十足、独具一格。除了混合使用各类材料，孩子们还可以通过绘画或将其粘贴在其他元素上来进一步完善他们的木工作品。

在整个过程中，孩子们将尽情发挥想象力来实现他们的想法。他们会在一盒边角料中寻找最合适的形状与组合，比如"这可以补上我的桌面的一个三角形缺角"；也会看到一块奇怪的边角料的各种可能性，比如"这正适合做我的大象的鼻子"。

此外，孩子们还会进行其他富有表现力的探索，比如在木头上印上图案、用绕绳木块进行印画、将木屑和涂料混合制作出纹理涂料、用刨花创作艺术品等。

协同工作（Collaborative work）

孩子们可能希望与同伴一起参与某一项木工活动。在与同伴进行讨论、共同解决问题与改进设计时，孩子们出现了合作。在合作中，孩子们的想法可能从以往的学习经历、偶然事件、当前的兴趣或他们提出的问题演变而来。教师也可以计划和发起孩子们的协同工作，但要以一种非常灵活和包容的方式，让孩子们尽可能多地自己掌控协同工作的进程。通过观察孩子们的参与程度以及是否全神贯注，我们总能判断出合作活动的有效性。在协同工作中，成人的角色应主要体现在提供必要的资源、抛出拓展思维的问题、分享适宜的知识和技能以及与孩子们一起探索其想象力和创造性的表达形式等方面。

审美（Aesthetics）

我认为审美非常重要，但可惜的是它经常被忽视。许多早期教育的先驱如福禄贝尔、蒙台梭利等都详细地论述了美的重要性，杜威更是谈到了赋予一般审美经验的必要性。但近年来，教育领域对于美的价值缺乏足够的重视，很少将美的经验作为教育经验的一部分。

木工活动具备了培养孩子们审美感的潜力，与自然材料打交道可以激发丰富的感知觉体验。木材的触感和气味，质地、纹理与树皮，层次丰富的色感及其温暖感，改变（物理性状）的方式（如打磨时产生尘屑、锉或锯时改变形状）等，均有助于孩子们的审美意识的发展。

美学具有转化的潜力。美可以净化心灵、振奋精神，并影响我们的幸福感。使用天然的木材进行创作，可以促使孩子们努力了解这个世界，也滋养了他们在情感、审美和认知上的发展。可以说，对木材的欣赏将增强孩子们对自然和人类的创造的尊重。

有些人主张孩子们只能使用天然木材，避免使用其他材料。这样做有一定的价值，但代价是牺牲用混合媒介进行创作的丰富性。

此外，我们必须考虑到视觉语言实际上是孩子们真正的第一语言。作为强大的视觉思想家，孩子们不断吸收和解释着周围的视觉世界。值得一提的是，孩子们在建构和思考三维作品的过程中表现出了非凡的审美意识，我经常为他们在创作小雕塑时所展示的空间意识感到震惊。

> 校长说："世界上最可怕的事情，莫过于有眼睛，却不能发现美；有耳朵，却不会欣赏音乐；有心灵，却无法感知真理。而这样的心，永不被触动，因此也永不被点燃。"
>
> 黑柳彻子，1996[1]

工艺意识（Craft sense）

木工活动是工艺意识发展的绝妙媒介。工艺意识作为一个术语，有时会被斯洛伊德教育者（Sloyd educators）[2]所提及。它包含了工艺、设计与技术本身，也包含了儿童在过程中的反思与理解。换言之，工艺意识指向产出过程中的制作以及随后的评估。

在这个过程中，工艺意识的核心要素是设想（Envisioning）。比如，设想"会发生什么""如果我们尝试用另一种方法，那么情况会如何"。孩子们会自己设定目标并探索如何实现，继而进行计划、实验、实施与评估。通过反思与理解，他们原有的认知图式获得更新。培养工艺意

---

① 《窗边的小豆豆》。

② Sjöberg, Barbro.（2009）. Design Theory and Design Practice within Sloyd Education. International Journal of Art & Design Education. 28. 71 - 81. 10. 1111/j. 1476-8070. 2009. 01594. x.

识的核心正是让孩子们进入这个过程，并使他们有时间对整个过程进行评估。作为一个有用的分析工具，相机的记录可以将可视化的学习过程融入学习中。对画面进行回想能够激发师幼之间的对话，而孩子们也可以根据他们所遵循的步骤对画面进行排序。因此，深度的关注和参与、元认知与自我调节是工艺意识发展不可或缺的部分。

作为工艺意识的另一个重要方面，转化（transfer）指儿童在新项目规划中利用原有知识，同时对行为进行重新监控和调整，以应对新项目带来的新挑战。此外，注意力也直接指向儿童表达的关于学习与完成某个特定项目的需求，这进一步发展了他们的元认知技能。

读写（Literacy）

许多书籍为孩子们提供了阅读与聆听木工故事的机会，这些书籍的内容通常会介绍木材的作用、树木的类别、木匠和其他从事木材工作的人等方面的知识。除了书籍，也有很多与木工有关的歌曲。

读写是通过抽象的书面文字来理解和表达思想，而在木工活动中，孩子们是用具体的身体动作来表达自己的想法。这是他们建构心理基础的重要组成部分，为其今后在抽象写作媒介中表达想法提供可能。

孩子们可以制作一些关于自己的作品的书，并附上照片、有标签的图画和文字。年长的孩子可能希望通过创意写作来扩展对作品的叙述性描写，而年幼的孩子可以使用刚萌发的标识技能来表达设计理念与制订工作计划。当然，出现在作品上的标记也可以作为附加部分，用以帮助他人理解作品的意义或特征。

此外，通过木工活动获得的精细动作操作技能也将有助于发展孩子们与书写相关的精细动作控制能力。在手指、手腕和手臂上，控制能力的提升都将促进孩子们的标识技能与今后的书写技能的逐步发展。

生活技能：超越课程（Skills for life：beyond the curriculum）

木工活动会给人留下深刻的记忆，一旦孩子们学会了使用工具，工具就会成为他们的技巧系统的一部分。可惜的是，许多孩子在整个教育生涯中根本没有使用工具的经验。由于许多中小学不提供木工活动，早期的木工活动参与可能就是他们唯一的机会。可以肯定的是，无论是自行车修理、家庭自制还是纯粹的制作乐趣，工具的使用都可以培养孩子们的生活技能。

未来的工作需要人们学习使用工具，许多职业也需要通过使用工具来发展想法。许多孩子将继续从事工具型职业，而其他孩子将来从事的职业同样需要工具。

我们生活在一个比以往任何时候都变化得更为迅速的时代，体现在如经济全球化、技术创新、自然资源枯竭、人口大幅增长和环境变化等方面。孩子们在未来需要从事的工作有许多目前可能还不存在，适应能力、创新能力和创造性地思考新的解决方案的能力将比以往任何时候都更加重要。通过木工活动可以发展孩子们的创造性思维和解决问题的技能，将能有效地帮助孩子们去面对未来的发展与变化带来的挑战。

可持续性（Sustainability）

木工活动培养了孩子们的设计、制作与修理能力，上述能力在帮助我们有效抵制消费社会的特征方面有重要意义，引导孩子们用制造、修理来替代消费、丢弃。

在被动消费的过程中，孩子们被从设计中移除，远离或无法参与设计。而通过木工活动中的制作和解构，他们将会发现物品的制造方法，了解设计的基本元素与发展对材料的敏感性。

孩子们也有很多机会增进对环境的了解，学习对自然世界的尊重。一方面，早期阶段正是他们形成基本态度和价值观的关键时期，因此任何围绕可持续发展进行思考的机会都应该被接受与强调。另一方面，了解木材的来源也很重要。发现木材的瑰丽、了解树木的生长周期可以帮助孩子们尊重并理解木材作为一种材料的价值，了解我们需要为共同生存的环境承担责任。

木工活动过程中使用的大部分木料会被切割回收，以实现"废料"再利用，这是一个很棒的主意！如果一定要购买木材，我们应尝试在负责任的林场进行采购。当然，木材的选择也需要注意。巴沙木①这样的木材就存在很大的问题：它生长极为迅速，易被收获和再种植，同时它会产生大量的碳足迹②。因此，在初始阶

---

① 巴沙木（Balsa wood）生长在美洲热带雨林里，是生长最快的树木之一，也是世界上最轻的树木。这种树四季常青，树干高大。叶子像梧桐叶，五片黄白色的花瓣像芙蓉花，果实裂开后像棉花。我国台湾南部较早引种（1960年）。巴沙木结构致密，是航空、航海以及其他特种工艺的宝贵材料。热带雨林中的居民不仅用它来造木筏，往来于岛屿之间，还用它建房子，具备很好的隔热与隔音效果。

② 碳足迹（carbon footprint）是指企业机构、活动、产品或个人通过交通运输、食品生产和消费以及各类生产过程等引起的温室气体排放的集合，它表示一个人或者团体的"碳耗用量"。这里的"碳"是指石油、煤炭、木材等由碳元素构成的自然资源。因此，"碳"耗用得越多，导致地球暖化的二氧化碳就制造得越多，"碳足迹"也就越大；反之，"碳足迹"就越小。

段我们需谨慎使用这类木材，尽量选择可持续性较好的软木。

在可持续发展教育（Education for Sustainable Development，ESD）中，教师需要了解环境与可持续的问题，同时承认木工活动能培养许多对可持续性来讲很重要的技能。这些技能包括批判性思维和反思、系统性思维、寻找问题之间的联系和问题解决方案，以及在小组项目中促进对话、协商和决策并设想未来等。同时，木工活动也可以被看作支持生态学校的可持续发展的议程项目。

孩子们通过木工活动来欣赏大自然和周围的世界的美，我坚信木工活动是孩子和世界之间的桥梁。木工活动是可持续发展教育的核心，它邀请儿童和成人共同加入与未来的对话。

森真理（Mari Mori）博士，日本东京鹤川学院教授

观察与评价（Observation and assessment）

观察与监测进步程度（Observing and monitoring progress）

木工活动为我们提供了很多机会来观察与监测所有学习领域的进步程度。

在木工活动中，我们尤其能洞察孩子们的创造性思维与批判性思维及其潜在的学习倾向，这为我们真正观察到这些更复杂的学习与发展领域提供了绝佳的机会。此外，《监测创造性思维与批判性思维的进展》（*Monitoring Progression in Creative and Critical*

Thinking）能帮助我们真正了解木工活动所涉及的思维要素，并确保它们持续发生。

监测进步程度很重要，因为我们需要知道孩子们正在从各自的起点上取得进步、确保处境不利的儿童能够迎头赶上，并知道应该关注谁、需要培养哪些学习要素。

对木工活动中孩子们的学习与发展进行观察，可以让其他人（指不熟悉木工活动的人）获得学习经验并同步提高其对木工活动丰富潜力的认识。在这种情况下，高质量的观察记录和个人的学习故事将会是我们了解木工活动的重要窗口。

行为模式（Schema）

木工活动还为人们提供了一个更充分地了解孩子们的行为模式的机会，特别是针对某些重复动作的行为。孩子们经常重复某些动作来实践与结合他们所知的东西，并在此过程中建立特定的

神经联结，这是儿童发展的一个重要方面。在木工活动中，包括敲击、旋转、定位、定向、连接和断开等在内的早期行为模式经常可见，并在工具使用和作品创作的过程中获得进一步发展。

技能检核表（Skills checklist）

事实上，对孩子们使用工具的基本技能进行评估是很有价值的。比如通过使用一个检核表来记录谁学会了什么，这样我们就能知道谁可以进行更独立的工作，特别是在每个孩子进行木工工作的起始时间不一致的时候。为了保持检核表的简洁，我们将主要关注四个基本工具：锤子、螺丝刀、锯子和手钻。有些学校本身就有证书制度，用以证明孩子们已具备这些技能，并能够独立开展木工工作。就个人而言，我更倾向于设计一个精妙的检核表，以最大限度地避免那种外部动机的奖励。

案例研究3.2展示了木工活动的跨课程特性，以及它对孩子们在各个领域的学习和发展的好处。

案例研究3.2　持续地专注和投入

这是一个以木工工作为核心的区域，里面有一个配有综合老虎钳和可存储工具的工作台，还有一些与其他三个班级共享的木材与资源。工作台通常被放在室外，旁边还会放一张桌子，用来放置木材和其他材料，比如珠子和软木塞。但有些孩子喜欢在室内工作，所以工作台和桌子会一直被搬来搬去。在这个区域，总会有一位成人随时为孩子们提供支持并与他们进行交流。

当我第一次向孩子们介绍木工这个概念时，是以课堂模式与他们交谈、带领他们了解安全知识、向他们展示木工工具，然后请孩子们三人一组来试用这些工具。现在，只要孩子们愿意，他们可以自由地使用这些工具。

这是一次非常成功的尝试，孩子们很喜欢与那位成人交流想法、沟通解决问题的方案。在他/她的支持下，孩子们基本上可以独立开展木工工作。其中，有个花了很多时间进行独立工作的孩子最终完成了作品，也实现了自我价值。他的语言能力在交流中获得提高，也更有信心去尝试新的事物。

在本周，他花了一上午的时间创作了一个作品。开始时，他拿起两块巴沙木，研究了一会儿，然后说"它们可以用来做腿"；紧接着，他把两块木头用老虎钳夹住，又去选了一块薄木片，继而说"我要做一条恐龙"。我看到他试图用钉子把薄木片与木头连接起来，但没有成功。于是，我就建议他看看木头的长度、厚度以及钉子的长短。很快，他就意识到自己需要一个更大、更长的钉子。在他成功连接时，你可以发现他真的很为自己感到骄傲。

接下来，他选了一些用来做恐龙翅膀的小木片，并试图用螺丝把它们与其他部件拧到一起，但没有成功。后来，我们想出了另一个固定翅膀的方法，并且成功了。在完成后，他看着翅膀想了一会儿，并决定不要它们。于是，他把翅膀拆掉，将所有小木片放回原处。随后，他又继续用他积累的所有相关知识和获得的所有木工技能做着恐龙。

然而，这种长时间的专注并不是这个孩子所独有的。几乎所有参与木工活动的孩子都表现出了高度的专注水平，无论是男还是女。我们发现，他们的批判性思维水平和管理自身风险的能力也由于参与木工活动提高了近十倍，这很好地培养了他们对精细动作与粗大动作的控制能力。

莉伯蒂·弗莱切-加德纳，布里斯托尔圣维尔堡公园幼儿园主班教师

我的木头裂开了，所以我不得不用一个更大的钉子把它修好。我用了更大的钉子，但它还是裂了。后来我就先在木头上打了个洞，再用钉子钉，然后就修好啦。

莎拉（Sara），4岁

第四章 木工活动中的机会均等

通过在内容定制与目标准确的木工课程中探索木材，能够为3到5岁儿童提供机会，让他们遵循自己的兴趣创造出难以想象的东西。我始终惊讶于年幼的孩子使用真正工具和创造独特的作品时的信心，这些提高了他们的交流、语言、身体技能水平，也促进了他们的个人和社会性发展。每个孩子都应该有机会加入木工工作，并进行相关的探索。

> 莱斯利·柯蒂斯博士
> 利物浦埃弗顿托儿所与家庭中心校长

章节概述

在本章中，我将探讨包容所有儿童与为其提供平等机会的重要性。我不断探索最佳的实践模式，来确保我们能够积极应对劣势、挑战陈旧观念。我还将解释木工是如何成为一种强有力的媒介，让所有的孩子都能深度参与其中的。

弱势儿童：减小差异与弥合鸿沟
性别
有特殊教育需求和残疾的儿童
以英语作为附加语言
左利手儿童

我认为，在一个环境中，所有的孩子都应该有机会学习到并受益于木工的基本技能，这一点至关重要。在学习了木工的基本技能之后，孩子们应该能够自己选择是否要追随这种兴趣。我们要确保在开始时向所有儿童介绍木工的基本技能，以便他们在追随这种兴趣时能够作出明智的决定。

弱势儿童：减小差异与弥合鸿沟（Disadvantaged children：diminishing differences –closing the gap）

许多儿童在入园时就已经因家庭环境问题而处于不利的发展状态，原因可能是多方面的，例如，贫困、债务、精神问题或其他健康问题、住房问题、虐待、收养等。这往往会造成这些孩子直接经验匮乏、互动缺少、语言水平低下、饮食不合理与运动不规律，具体表现为沟通能力差、注意力不集中、自尊心和自信心水平较低。而这反过来又会影响他们学习的核心倾向，尤其是他们的好奇心、心理弹性与同理心。我们需要了解这些孩子目前的发展起点，并尽最大努力弥补不利处境。我认为，当孩子们第一次进入木工环境时，我们必须要了解他们最初的学习倾向以及他们的创造性思维与批判性思维水平。

同时，木工可以提供一个奇妙的媒介来捕捉孩子的好奇心，但它又远不止于此。处境不利的儿童需要更多的关注、更多的对话、更多的创造性思维与批判性思维技能的塑造。木工活动可有效支持幼儿思维能力的萌发，重新点燃幼儿积极的学习倾向。

性别（Gender）

年幼的孩子就已不断地受到社会的影响，从故事、电视和广告所描绘的与在家人、朋友中所观察到的角色中吸取了信念和期望。这会让许多孩子产生刻板印象（stereotyping），即认为木工是男性的活动。

事实证明，孩子们一旦获得木工的初步技能，就会想要进行木工活动，而这绝对没有性别差异。无论男孩还是女孩，都在木工活动中获得极大的快乐，也都能胜任木工工作。事实上，我们也很难预测哪些人会特别成功。老师们经常惊讶于那些对木工活动经历有特别积极的反应的孩子，这似乎可以引发课堂中不常见但有意义的思考与学习。对于一个性格不是特别外向、身体也不是特别强壮的3岁小女孩来说，使用木工工具并不罕见，她同样能在木工工作中表现出极大的喜悦和能力。

重要的是，要确保所有孩子在学习如何使用基本工具时都能参加木工活动的介绍课程。然后，他们可以根据经验来决定是否要继续留在和拓展这一领域。如果我们一开始就只是问谁愿意尝试木工，很可能男孩会接管木工区，增加女孩参与的难度。此外，我们也要鼓励那些在开始使用工具时感到忧虑的孩子，这样可以帮助他们建立信心、克服任何恐惧。同时，男女教师共同服务于木工课程、男女建筑工人和木匠的形象出现在环境创设中，这些都值得考虑，也都可以进一步避免刻板印象，提供积极的角色示范。

近年来，人们写了很多关于让男孩参与有意义的活动的必要性的文章。木工活动当然会吸引男孩，他们会长时间全神贯注于此。然而，这绝对不能以牺牲女孩做木工的机会为代价。

有特殊教育需求和残疾的儿童（Special educational needs and disabilities, SEND）

有特殊教育需求和残疾的儿童也应获得参与木工活动的机会，但他们可能需要更多额外的支持，这显然取决于每个孩子的具体需求。通过细致的计划和足够的教师支持，孩子们可以参与进来，并从木工活动中获得巨大的收获。一个视力严重受损的孩子很努力地把一个钉子敲进了木头，或者一个患有运动障碍的孩子坚持小心翼翼地把一个钉子拿直，这些都是为了强调为所有孩子提供机会的重要性。教师们都认为，有些孩子觉得木工活动有特别的治疗效果，整个过程也让人很放松。例如，有时他们会很乐于重复一些简单的任务，如长时间敲打或打磨。

我们需要确保木工活动具有尽可能大的包容性。重要的是要发现其中需要进行哪些调整或添

加，来为孩子们提供适当的挑战和体验，并有尽可能多的平等参与的机会。木工活动中所包含的多样化的运动有助于孩子们感知位置的能力和运动意识（本体感觉和运动感觉）的发展。要在木工活动中对有特殊教育需求的儿童作出有意义的回应，意味着我们需要不断地重新评估什么是有效的以及可以作出哪些改进，以确保更好的融合性，并提供有针对性的发展机会。

孩子们通常很难在学习的诸多方面长时间集中注意力，这是由于许多不同的原因，如注意缺陷多动障碍。但老师们却常常惊讶于木工活动到底有怎样的魔力，能这么奇迹般地引发这些孩子的好奇心，使他们能够在相当长的一段时间内集中注意力。对于特别喜欢使用工具和三维结构的孩子来说，木工已经被证明是开启他们的学习激情之门的钥匙。

案例研究4.1 吸引与激发兴趣

卡勒姆（Calum）是在一个学年的春季学期入学的。我们被告知，由于有行为问题，他从未在学校完成一整天的学习。他有一个厚厚的档案，里面有许多确诊他有多动症的报告。进入教室时，他注意到通向户外区域的门是开着的，于是就跑了出去。他回头看看谁会来把他叫回来，但这并没有发生。这所学校的孩子们可以自主选择在室内还是室外学习，卡勒姆选择了到室外学习。一出门，他就立刻注意到了木工工作台，于是他走了过去。一个老师走到他身边，向他解释了一些非常简单的规则，并对这些工具进行了仔细的介绍，他很快就掌握了这些工具的使用技巧。接着，他沉默不语，只是看着其他孩子工作。

教员提醒他说："如果你能转一圈，你会发现这个工作台上还有空间（可以工作）。"经过一周左右的尝试，他可以轻松地使用所有工具了，而且开始计划自己要做什么。每天，他妈妈都会给办公室打电话询问是否需要接他，当听到他表现出高度的专注和能够很好地遵守规则时，她感到十分震惊。在那个学期剩下的时间里，卡勒姆再也没有被送回家，在木工活动中的表现证明他实际上并没有多动症。在以前的学校里，他被要求做一些不适宜发展的事情，他对此并不感兴趣。邂逅了木工活动后，他就像是找到了一种能满足他天生的学习欲望的方法，身上隐藏的积极主动、敢于挑战和追求真实的主动学习特点被真切地激活了。

安娜·埃夫格雷夫，早期教育顾问，卡瑟哈奇婴儿学校前副校长

案例研究4.2 木工活动对每个人的挑战

把班级预算花在一个工具与材料存储充足的木工工作台上可能不是最激进的建议，但对于我所在的特殊教育需求班级来说无疑是第一次，其他成年人的态度从惊讶到怀疑都有。校长冒着巨大的风险批准了这笔开支。

班上的10个孩子对使用新设备都非常谨慎。这些孩子都在4~5岁，3名女孩和7名男孩都有特殊教育需求，其中一些已被确诊，另一些仍在接受评估。他们的教育需求包括多动症、自闭症、阿斯伯格综合征、癫痫、学习困难、语言迟缓等方面的治疗或干预。

最初，他们探索了空的工作台，然后用轻木和胶水进行简单的工作。随着对木头的兴趣越来越浓厚，他们开始探索用胶水把不同大小的碎片粘在一起。随着自信的增长，当不能把碎片做成想要的尺寸时，他们就会觉得沮丧。于是，我们与他们一起讨论使用什么工具可能会有帮助（解决这个问题）。他们选择使用锯子切割木材。

就这样，孩子们都迫不及待地开始兴奋地锯巴沙木。这里有一个提醒：如果孩子们想使用锯子，就必须和大人在一起。在大人的帮助下，每个孩子都学会了如何把巴沙木放进钳子里，然后用锯子把它锯成他们想要的大小。

几个星期以来，孩子们都很兴奋地去锯木材。他们想制作各种各样的模型，如在水里航行的船、在机场上的飞机、在比赛的汽车等，不管是漂亮的东西、有用的东西还是奇怪的东西，只要是觉得有趣的东西，他们都想做。但有一天，乔希生气地对周围的人说："这不是真正的木工！我们应该用锤子和钉子来做木工！"其他孩子听了也都随声附和。于是我们开始向孩子们介绍锤子和钉子，包括怎么拿钉子、怎么使用锤子，等等。从那以后，孩子们开始练习如何正确地使用锤子把钉子钉到巴沙木上。在他们进行练习的过程中，我们发现有一个孩子一边哼唱着"嗒嗒，嗒嗒，嗒嗒，嗒嗒"的口号，一边用锤子敲击钉子。当钉子稳定下来后，他更用力地敲击，将其敲进巴沙木里面，嘴里发出的"嗒嗒"声也越来越响。

一段时间以后，他们的作品就变得越来越大、越来越复杂了。这个时候，测量的需要成为一些模型成功的关键。慢慢地，家长们也开始表现出对木工的兴趣，每当他们参观学校环境时，都会花时间看看孩子们在木工工作台上的工作。

在我看来，这对孩子们的好处远远大于使用工具和组合木片的技能。孩子们和父母真实地感受到他们获得了充分的信任，能够有机会以一种成熟的方式处理风险或危险。他们也开始注意到周围的木材，无论是在环境中、在家里还是在郊游期间。这使得我们采集木材的来源丰富了很多，孩子们开始有机会尝试将钉子敲入不同品质的木材中。但孩子们后来还是喜欢使用巴沙木完成他们的模型制作，也许是因为巴沙木的质地更适合他们的能力。

只要有正确的支持，木工活动对于有复杂需求的孩子来说就无疑是一个非常有益的经验。

凯·马西森，早期教育顾问

以英语作为附加语言（English as an additional language，EAL）

以英语作为附加语言的儿童通常也不难理解木工活动所涉及的过程，因为工具的介绍及其安全使用都可以通过视觉方式清楚地展示出来。你经常可以看到他们非常放松，因为他们能够意识到这并不受制于自己的英语水平。通过一对一的直观演示为孩子们解释某些木工的过程，效果可能会更好，这样可以确保他们能理解并安全地使用工具。有一点需要在这里提示：在整个演示的过程中，我们还是需要与孩子们对话，以确保他们一直在接收与建立他们的语言知识。事实上，越早学会用英语交流，就能越好地进行关于他们的工作的深入对话。但令人惊讶的是，在过渡期里，他们通过非语言方式实现了持续的共享思维。

左利手儿童（Left-handed children）

因为大多数人都习惯使用右手，所以大多数日常用品的批量生产都是仅考虑到右利手适宜。但我们需要记住，大约10%的人习惯使用左手。左利手儿童会发现用右手工具工作非常困难，他们在使用时可能会感到尴尬或不舒服。

　　一个常见的例子：右手剪刀的设计使得右手使用者可以很容易地看到被剪断的线，而左手使用者可能看不到。右手的切割操作往往会把刀片挤在一起，产生更有效和更干净的切割，而左手的切割操作可能会迫使刀片分开，降低效率，并经常导致切割不规则。对左利手的人来说，与右利手的人相比，使用各种工具的手柄模式时可能会感到不舒服。右利手的人可以通过用左手使用常规剪刀很容易地体会到这种感觉。

　　幸运的是，基础的木工工具可以同时供左右手使用。有些工具在人体工程学上有所不同。比如，当用螺丝刀拧紧螺丝的时候，我们利用手腕进行最有力的旋转运动。但对于左利手儿童来说，这是相反的旋转扭曲。这与钻子的使用原理是一样的，它虽然易于操作，但不太符合左利手儿童的人体工程学。钻孔不太容易用力，因为手柄是在相反的一侧，旋转时会感觉很不顺。对左利手儿童来说，螺丝刀和钻子都不太适用。

　　工作台上老虎钳的位置可以设置得更适合使用锯子时的惯用手，让空闲手有可能握住工作台。在一个工作台上设置两个老虎钳是一个好主意，这样能分别满足左利手孩子和右利手孩子的使用需要。对于惯用右手的人来说，老虎钳最好放在工作台的右侧，反之亦然。另外，锯木材时的姿势也会因脚的位置不同而不同。

　　许多物品的使用对左利手儿童来说稍难一点，如伸缩卷尺，它被设计成左手拿着、右手拉着，这样数字就能正确向上。一些锯柄、扳手以及钳子也是为右利手的人设计的。

　　所以，我们需要关注哪些工具对于左利手儿童来说是难以使用的。在早期阶段，孩子们一直在探索哪只手是他们的优势手，并且经常会在两只手之间来回切换，因为他们仍然正在发现哪只手对他们来说最有效。如果我们注意到一个孩子在做一项特定的任务时很吃力，可以建议他尝试用另一只手。遗憾的是，目前还没有特定的左利手木工工具可用。

　　我做了一架有窗户和点火器的飞机。加入点火器是很困难的，我必须要在这里将这个木块（指点火器）粘到它（指飞机）的两边。现在，我要把火从点火器里喷出来的样子画出来。

　　　　　　　　　　　　　　　　　　　　　　　　　　弗雷迪（Freddie），4岁

第五章 木工活动中的成人支持

> 深度参与反映了大脑活动水平和进步程度，这在木工工作台上可以持续看到。孩子们在天生渴望掌握木工技能的愿望的驱使下，正在不知不觉地培养起自己的毅力、信心和解决问题的能力。木工的确是一项以全面、富有挑战性和令人兴奋的方式来促进孩子们发展的活动。
>
> 安娜·埃夫格雷夫

章节概述

在这一章中，我将讨论教师在支持孩子开展木工活动时应扮演的角色，并就如何较好地管理木工区、哪里可获得持续供给（重点关注木工的活动"时程"与持续供给的木工活动）展开讨

活动"时程"与持续供给的教员配备
成人在支持学习中的作用
家长和照顾者的参与

论。我也将谈到通过鼓励孩子们的创造性思维与批判性思维技能的发展来真正参与到他们的思维过程中的重要性。此外，我还将探究家长和照顾者参与的好处。

活动"时程"与持续供给的教员配备（Staffing of activity 'sessions' and continuous provision）

向孩子们介绍工具（Introducing children to tools）

孩子们最初是在小组中学习木工的。在孩子们参与木工活动最开始的工具使用学习时，我建议成人和孩子的比例为1:3比较合适，这个比例可以一直保持到孩子们有信心独立使用工具为止。在那之后你就不需要太在意这些，因为你对他们的能力更有信心了。很明显，3岁和5岁的孩子在能力上是存在差异的，对年幼的孩子来讲，成人和孩子的高比例需要维持更长的时间。唯一的例外是锯子，它必须在一对一的基础上实时监控（见锯子的部分）。此外，一旦孩子们成功地学会独立使用基本工具，我们还需要决定他们如何进入木工区。诸如是在某个特定的时间把木工活动提供给孩子还是一直把它作为持续提供的活动的一部分等问题，也都需要我们来考量。

教师专门支持的木工活动的要点是：

> 大多数机构选择在有限的时间内提供木工课程，以确保有教师支持活动，也有对资源的高需求的原因。有一位教师随时密切监视木工区，让孩子们感觉环境更舒适。这样可以确保安全，也能提供数量与种类更为丰富的工具，并可在需要实际帮助和发散思维时随时提供帮助。

让附近的教师支持木工课程的要点是：

> 请附近的教师支持木工课程也是一个选项，这样教师可以在需要的时候随时待命，也可以随时留心。通常在室内环境中效果更好，因为在那里随时都可以很容易看到木工区。在室外，虽然有更多的孩子可以进入木工区活动，但需要对他们的行动进行更密切的监控。

持续供给的木工课程的要点是：

> 木工活动也可以设置为持续供给的一部分，使其能够始终获得。在木工区活动的人数需要有限制，其中在工作台上工作的孩子一次不得超过两名或三名（这是由工作台的尺寸来决定的）。但是因为木工活动一直对孩子们开放，所以一般不太可能出现工作台拥挤的情况。只有在所有的孩子都清楚地知道如何使用木工工具并证明他们的能力后，才能持续为他们提供木工活动。由于全年都有孩子加入木工环境，所以必须仔细监控这一情况，以确保孩子们在进入木工区之前都已经通过了入门课程的学习。

在一个理想的状态下，实现木工活动价值最有效的方法就是将其作为可持续供给活动的一部分，就像我们对其他资源（如绘画、积木游戏）所做的那样。但在许多情况下，这很难实现。

假如有了持续供给的木工活动，确实可以让孩子们从长时间的创作和技能习得中获益，还能为孩子们创造在不同领域之间交互移动的机会，使得他们能够很自然地就在不同学习领域之间建立联系。

持续供给的木工活动的安排要求将木工区设置在一个容易看到的位置，需要提供大量的工具和耗材并把它们存放在容器中，方便孩子们取放。需要注意的是，木工活动对材料的消耗比较快，应经常进行补充。

虽然教师不会直接监测持续供给的木工活动的情况，但在附近留心木工区仍然很重要。孩子们使用锯子时仍然需要教师的监督，教师也需要在孩子开始锯之前检查锯子是否完全拧紧。在持续的教学中，最重要的是教师们能够在适当的时候与孩子们进行互动并表现出真正的兴趣，提供积极鼓励和诱发发散思维。

当一些孩子享受更独立地工作的自由时，还有一些孩子需要更多的支持。没有支持，这部分孩子可能会变得沮丧和失去兴趣。教师需要敏感地判断何时才可以提供适合的支持和指导，这种敏感性往往是随着时间的推移而逐渐发展起来的。缺失这种敏感性，我们就有可能在某个阶段干预得太多，这非常不利于孩子的思考与成长。

根据我的经验，木工设备的持续供给往往可以通过限制可用的工具与资源来实现。通常我们主要提供锤、敲部分的工具与资源，当然这也就需要召开额外的会议进行讨论，以便对木工活动的意义进行更深入的探索。

哪种设备最适合放置在木工区？这在很大程度上取决于教师的特定需求、场地的可用空间以及孩子们的年龄与能力。年龄较小的孩子（3岁）需要时刻被密切关注，而年龄较大的孩子（5岁）将能够更独立地执行许多任务。

在木工活动的开始阶段，可以选择一些设施设备进行组合，力求针对有限的资源进行持续供给，然后为更集中的系列化木工课程提供各种各样的工具和材料。无论哪种方式，重要的是要决定在可用空间内与多少孩子一起工作，以确保那里不会过于拥挤，并保证能为每个孩子提供他们可能需要的关注。在任何情况下，都不能容忍不适当行为的出现，如果孩子们的工作不安全，他们就必须离开该区域。

轮流（Taking turns）

木工活动特别受欢迎，所以我们通常需要一个轮换表，但这并不意味着要限制孩子们在木工区工作的时间。我觉得给孩子们有限的时间会限制他们的创意表达与发展，如果一到30分钟就被告知必须停止工作，对孩子来说是非常令人沮丧的。我在日本的一个地方参观时，看到每个孩子都在做一个小小的长方形木牌。他们在一面画画、涂上颜色，在另一面写上他们的名字。然后，他们在小木牌上钻了一个孔，把它挂在木板墙面的钩子上。在接下来的课程活动中，当完成了木工工作的孩子们就自己把小木牌翻到有图画的一面，没完成木工工作的孩子们则把小木牌继续保留在有名字的一面。这样做，就很容易确认谁完成了、谁没有完成。没完成的孩子可以继续他们的制作，完成的孩子就可以进入下一个木工工作或者离开木工区。如果有孩子在完成作品后离开，那么其他孩子就有机会进入木工区。

教师必须能够自如地使用工具。如果教师自己没有经验，也没有受过支持孩子木工活动的培训，那么就不要指望教师传授基本技能或拓展孩子的学习领域。我们也许不需要教师是熟练的木工爱好者或者木匠，但需要他们知道如何安全地使用基本的木工工具并了解一些简单的技术。所有教师都应该接受基本的木工培训，这样他们就能自信地使用所有的工具，并且真正理解木工的价值（有关教师培训的更多信息请参阅第八章）。

除了这些基本知识之外，真正重要的是如何应用适合整个木工课程的教学技巧。一些学校选择让孩子们的监护人来落实木工课程，但我相信，训练有素的教育从业者所拥有的教学技能对支持孩子们的木工学习应该更有效。

我尝试了不同的方式拼接顶部……最后我用了一个钻头和一个很长的螺丝。

米卡（Mica），4岁

成人在支持学习中的作用（Adult role in supporting learning）

为确保木工活动的成功和安全，成人在教学和实践中扮演了各种角色。

高期望（High expectations）

教师对儿童的期望会影响木工活动的质量，自然也会影响木工活动的结果。我们需要相信，孩子们有很高的能力和潜力去建构他们自己的学习。孩子拥有天生的好奇心，富有想象力，有一种与生俱来的求知欲。我们需要抓住这种热情，让他们成为学习的中心，追随他们的兴趣，并作出要做什么、提供怎样的支持等决定。

我们需要尊重和承认每个孩子都是一个独立的个体，要通过仔细观察来支持他们的有效发展并拓展他们的思维。我们还需要让儿童按照自己的速度成长，并提供适合每个儿童的发展阶段的挑战。

了解价值（Understanding the value）

重视木工活动的重要性和独特性，了解木工课程当中所涉及的所有领域的教育知识，对于提高孩子们的经验水平将有极好的帮助。对教师而言，更深入地理解有关木工教育教学的知识，将有助于提升他们对木工活动的投入和热情。

教学法（Pedagogy）

教育就是"不仅要向孩子们索取，还要（对他们）有所教授，有所隐含。

最好的老师教得最少"。

　　木工提供了丰富的做中学的经验，杜威倡导的进步教育（Progressive education）提倡的就是这种类型的学习，而不是当时流行的那种灌输式的学习。进步教育重视自主学习，孩子们作出自己的选择和决定、找到自己解决问题的方法、反思自己的学习，所有这些都是创造性的木工活动不可或缺的。木工是一个能给孩子们提供充分思考的机会的很好的媒介，给孩子们足够的空间去思考是我们必须提供的成长条件。正如皮亚杰写过的那样，每一次过早地教给孩子一些他本可以自己发现的东西，孩子就无法发现它，从而无法完全理解它。作为教育者，我们的角色是为孩子提供成长的条件，对自身如何有效地与孩子们展开互动要有极大的敏感性。下面，我将更详细地讨论互动。我们还需要灵活和宽容。木工活动可能会凌乱和嘈杂，我们需要不断地回应孩子们的制作计划和时间规划，支持他们按照自己的节奏操作，给他们时间来完成木工制作。我们还需要灵活地发挥教学的作用，有时要承认没有答案、有时要为孩子们提供支架或者范型、有时要对他们进行直接教授（比如教如何安全使用锯子时）、有时要为他们提供新信息或者背景知识。虽然在木工活动中与孩子们互动显得尤为复杂，但随着时间的推移、我们的经验的增加，会找到一种平衡。

　　　　如果我能提出自己的问题，尝试我的想法，体验身边的事，分享我的发现；

　　　　如果我有足够的时间来适应自己特殊的节奏，拥有一个有营养的空间，去改变事物；

　　　　如果你能成为我耐心的朋友、值得信赖的向导、研究伙伴、学习伙伴；

　　　　我将会探索这个世界，发现我的声音，用一百种语言告诉你我所知道的。

胡克，甘迪尼和马拉古兹，1998

实用性：资源配置（Practicalities：resourcing）

　　成人的角色的一部分任务是确保木工区有充足的储备，能随时支持孩子们开展木工活动。这事说起来容易做起来难。孩子们可以获得许多木材和辅助材料，以及钉子和螺丝等耗材。我们必须对需要补充的东西了如指掌，发现钉子被全部用完也会让人沮丧，有一名敬业的教师来时时掌握木工区资源是很有必要的。不管所使用的大部分木材是家长捐赠的还是从边角料中获取的，都需要检查、梳理。同时，还需要做好必要的准备，例如，有些木材可能需要切割成更小的尺寸供孩子们使用（电锯对于快速完成这项工作非常有用）。此外，木工工具也需要定期检查以确保其安全。

健康与安全（Health and safety）

　　我们有责任确保健康与安全措施落实到位，并始终遵守。我们还有责任确保已经完成风险评估。我们需要对木工区进行监控，以保证在任何时候都能确保安全，并确保工具留在木工区。

工具介绍（Introducing tools）

　　我们的职责是向孩子们介绍工具，需要解释和证明它们的恰当使用与安全使用，其中还包括如何安放和拿取工具。

身体支持（Physical support）

有时，孩子们需要一些身体上的支持。比如，当他们要拔出钉子或钻孔时，成人可能需要伸出援手，帮忙按住木材。有时，只需要一点点额外的力量就可以帮助他们圆满地完成一项任务，比如，把螺丝再拧进去一些、确保老虎钳夹紧木材等。在完成大多数任务时，你可以发现，当孩子们决心锯开一根大木头或钻出一个深洞时，他们的毅力和坚韧是令人难以置信的。

互动（Interaction）

有时，积极参与孩子们的木工活动是我们的角色的一个基本部分，需要通过互动来帮助他们搭建学习框架、拓展思维。

我们需要仔细地观察孩子们的所作所为、与他们对话，并对他们的工作表现出真正的兴趣。如果没有成人的兴趣和鼓励，孩子们的参与度通常会降低，他们的思维也就不那么活跃了。尊重他们的选择和决定是很重要的，但也要提出开放的问题来拓展他们的思维。当孩子们探索他们的想法时，会遇到许多问题，诸如："我能用什么来最好地表达我的想法？""我怎样才能把这两个连在一起？""我怎样才能把这个钉子拔出来？""哪种木材最适合这个？"

当他们遵循自己的想法作出决定时，会为自己的问题寻找解决方案。我们可以在这个过程中与他们合作，帮助他们发展创造性思维与批判性思维技能。这个持续分享想法的过程包括在正确的时间说正确的事情，通过提出开放的问题来保持对话的开放性，从而促进深入思考、拓展思维。这里面包含了一些不同的方面，比如，鼓励孩子们思考其他的想法，推测可能会发生的事情，反思和评估他们的工作，当

然也可以考虑一下他们是否有可能做一些不同的事情。

在整个过程中，我们需要允许孩子们提出自己的问题、提出可能的解决方案、发出自己的声音并培养他们的信心，从而确保他们在自己的学习中始终是主角。我们必须做到不要给孩子们提供太多的信息，不要通过接管和为他们作决定来剥夺他们的权利。

有时，孩子们可以继续在他们的舒适区工作，我们的任务可以是引入新的挑战、提出问题、鼓励他们探索新的技能和概念。

我们在鼓励和表扬孩子的时候，要试着弄清楚在表扬什么，需要把重点放在他们的过程上而不是作品上。例如，"太好了，为了确保轮子继续转动，你坚持了这么长时间！""我敢说，你想出了加入桅杆的其他方法，真是难以置信！"

记录（Documentation）

记录与木工活动有关的丰富的学习和发展资料是非常重要的，这在第三章中讨论过。创建反映学习过程的高质量的记录文档，需要突出所涵盖的学习领域，特别是创造性思维与批判性思维的发生与发展。我们可以记录孩子们的对话以及他们如何拓展自己的思维的故事。这些材料可以作为孩子们的个人学习成长日记，也可以作为在环境中展示的文档。要让丰富的学习看得见，这对木工活动的可持续推进是非常重要的。

案例研究5.1 **互动**

> 马西莫："我想把这个方向盘装回去，我怎么才能修好它呢？"
>
> 老师："我不确定，你有什么想法？"（鼓励）
>
> 马西莫："这看起来太厚了，上面还有一个洞。"
>
> 老师："我们可以用什么来连接它呢？"（探索可能性）
>
> 南希："马西莫，拿一个小钉子。"
>
> 老师："太好了，不知道它够不够长？"（鼓励反思）
>
> 马西莫："不够，我需要一个更长的（用手握在方向盘的边沿上）。但它还是会从洞里溜出去。"
>
> 老师："有什么办法可以阻止它溜出去吗？"（探索可能性）
>
> 马西莫："有，我需要一个真正的大钉子（指宽头钉）。"
>
> 老师："这是一个很好的主意，应该会有用的，但这也是我们这里最大的钉子。我想知道，我们能有什么办法把钉子放进这个洞里面？"（探索可能性）
>
> 马西莫："也许可以用软木塞。"
>
> 老师："如果你这么做了，可能会发生什么？"（鼓励思考）
>
> 马西莫："它会阻止钉子滑落。"
>
> 老师："好吧，那我们试试看会发生什么？"
>
> 马西莫：（为了能有效地敲击钉子，他在方向盘上进行仔细定位。为了解决问题，他还多次尝试在不同的位置敲打）"看，它在转！"

老师："真有意思，为什么它会转？"（探索因果）

马西莫："因为它不太固定。"

老师："这真的很有趣，它是固定的，但又不太固定，因为它可以转动。太好了，你现在可以转弯了！"

马西莫："现在不行……它将会是一辆飞行汽车……我需要翅膀！"

家长和照顾者的参与（Involving parents and carers）

木工活动已经被证明是一种可以让父母参与分享学习的好方式，让父母接受木工活动是一件好事。刚开始的时候，一些家长听到孩子可能使用真正的工具进行木工制作，会有点担心。所以，在通过家长会或发送信息等方式解析木工的有关知识时需要突出其中蕴含的丰富的学习内容，并解释必要的安全措施。这样可以减少家长的担心，因为知情的家长很容易放心。父母的支持是很有必要的，他们不仅可以时常提供木材的边角料来补充库存，而且可以来教室做志愿者，帮忙做木工辅助工作。他们提供的这些额外的支持可以让更多的孩子同时开展木工活动。

我们还组织了一些父母的参观日，让他们和孩子们一起工作。这些家长活动都很受欢迎，并且非常成功。尤其是父亲们，进入木工区工作让他们感到很有收获。他们觉得在这里能发挥自己

的长处，所以很珍惜这个机会。但当第一次开始这项计划的时候，看到这么多的父母试图指导孩子的创作、为他们作决定并且经常是其中的大部分决定，我被吓了一跳。这几乎就像是父母之间的竞争！

现在，我们开始把这些家长活动作为宝贵的机会，并以此来分享如何让孩子们学习得更好的教学方法。在课程开始的时候，我们与家长讨论了尊重孩子的想法和使用工具的能力的重要性，以及家长作为支持和养育的角色的重要性。通过学习与交流，家长们逐渐学会放手。他们看到自己的孩子如此熟练地通过工具来表达自己的想法，都感到非常高兴。这一经历挑战了家长们对孩子的能力的认知，这种类型的项目可以为建立一个强大的学校社区做出积极的贡献。

有许多家庭决定用一些简单的工具在家里也开展木工活动，实践的反馈非常棒：家庭木工活动为家长和孩子提供了一个共度美好时光的机会，孩子们也非常喜欢摆弄木头。我们必须牢牢抓住任何能让孩子参与屏幕之外的活动的机会！

我什么都能做！我可以锯大块的木头和用大钉子了。

麦克斯（Max），4岁

第六章　木工活动入门

> 木工工作是一个渐进的过程。孩子们只有学习了木工技能，才能有机会练习和发展这些技能。
>
> 特里·古尔德

章节概述

在这一章中，我们将讨论在木工活动开始时你需要知道的所有实践。我首先将探究在什么年龄引入木工，然后介绍孩子们在木工知识和技能掌握方面的阶段性特征。我还将解释为什么最初开始引入木工是想把木材作为一种材料进行探索，也将就如何建立一个木工区展开相关讨论。最后，我将介绍木材的类型和工具箱中所包含的工具，以及安全地使用它们的方法。

从什么年龄开始
年幼的孩子
发展的阶段
协作的拓展式学习项目
调查木材
建立木工区
木工工作台
木材与其他材料
如何介绍工具
工具和设备
如何使用工具
耗材

从什么年龄开始（What age to start）

我建议在学龄前就可以给孩子们介绍木工了，在英国往往是在四岁左右，因为处于该阶段的孩子的机体成熟性与发展协调性的水平均足以保证他们能够成功地使用最基本的木工工具。事实上，关于木工的学习也是非常适合三四岁孩子的发展水平的。因此，本书的重点是向三到五岁的孩子介绍木工。在这个年龄范围内的孩子都有很大的潜力，无非是稍大一点的孩子可能马上就能掌握木工的相关技能，而较小的孩子则会花更长的时间来获得与熟悉技能，继而逐步运用到木工学习中。

年幼的孩子（Younger children）

我建议，从孩子出生起我们就可以为他们提供一些木制物品。作为一种天然产品，木材摸起来有触感，也很有趣，视觉细节丰富，自带有温暖感和令人愉快的芬芳。

我建议通过启发式游戏引导孩子们来体验和玩耍各种各样的木制物品。年幼的孩子都喜欢通过摸一摸、闻一闻等方式与天然木材打交道，所以在环境方面，需要尽可能让他们有机会接触到天然木材，譬如橡木地板、椅子、储藏柜等。

1到3岁的孩子非常喜欢锤钉工作台，在工作台上使用锤子敲击钉子的动作可以帮助他们增强手眼协调能力、发展动作技能。事实上，一套像锤钉工作台一样的游戏工具可以成为鼓励孩子们进行角色扮演的绝佳资源。

为孩子们提供一系列的天然木材和树枝是帮助他们开始探索木材特征、进行摆放和排列等实验与了解木材结构的绝佳方式。对于天然木材，我们要确保其表面光滑，必要时要对其进行良好的打磨，以防止出现碎片。在接触天然木材的过程中，你会发现，它还可以促进孩子们的有关木材及其属性的词汇方面的语言能力的发展。

我不鼓励3岁以下的孩子使用真实的工具，这是由于他们的协调能力仍在发展，而且他们的行为更难以预测，受伤的可能性自然也就增加了。在接近入园年龄（一般是3岁）时，孩子们在能力上会做好一些准备，在适当的指导、监督下，有些孩子可以完成一些有关木工的基础任务。如果真的想让年幼的孩子尝试木工，我建议采用1：1或1：2这样的成人与孩子的人数比例。另外，我建议把一些初级的工作作为木工内容的选项，比如，把高尔夫球座敲进黏土或南瓜里。当然，年幼的孩子也可以用小木块和胶水做一些简单的建筑模型。总之，我相信这种木工的实践对于学前阶段的孩子来讲是一种很好的经历，它会让年幼的孩子对自己未来的生活有一些期待。

发展的阶段（Stages of development）

虽然有多年与孩子们一起做木工的经历，但每到年底，他们的能干总会让我感到吃惊。一年到头，孩子们都有定期与木头打交道的机会。他们在之前的学习基础上迅速成长，并掌握了一整套的木工技能，使得他们能够完成各自的项目。当然，这是通过他们不断增强的创造性思维与批判性思维技能以及在工具操作过程中不断更加灵活、熟练的动作来实现的。

通过探索木材的环境和特性来熟悉木材（Gaining familiarity with wood by exploring its context and properties）

最初，我们可以通过选择与设置某种场景，采用活动主题来引导孩子们在更广阔的环境中探索木材，鼓励他们分享已知的木材知识、探索木材的特性与研究木材的背景，如木材从哪里来、有什么用，还有我们周围的木制品和从事木材工作的人。当然，也可以去公园看看树木、参观五金店或木场，或者拜访当地的木匠或木雕匠。

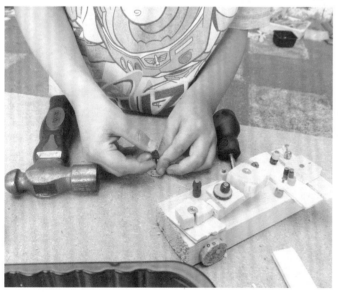

工具与安全的介绍：嵌入技能
（Introduction to tools and safety: embedding skills）

在讨论基础工具用途的同时，需要与孩子们谈谈安全措施的重要性（关于如何讨论安全问题，见第八章）。随后，为他们演示工具的使用。当孩子们有了第一次使用锤子、螺丝刀和锯子的经验以后，就有可能推进他们后续的活动。

随着木工技术逐渐熟练，孩子们对工具的兴趣也会增加。我们发现，他们对作为材料的木头和工具的工作方式感到好奇，经常会问如"圆头锤上的圆头是干什么用的""为什么螺丝有螺纹、钉子没有螺纹"等问题。他们会着迷于木材的锯切过程和掉落的木屑，也会因为自己能够拧紧又拧松螺丝而感到兴奋。

鼓捣（Tinkering）

鼓捣是一种态度，也是一种凭借直接经验与实验或者用工具与材料来探索或解决问题的有趣方式。

鼓捣是孩子们真正开始用脑、心和手来共同探索工具和木材使用的多种可能性的下一个阶段。鼓捣需要时间，说明孩子们真正开始用手的动作进行思维。他们需要能够按照自己的节奏从容不迫地工作，提出问题、找到解决方案、形成新的想法、建立新的联系、测试事情的结果、尝试探索与发现替代方案等。在鼓捣的过程中，孩子们开始探索木材的各个部分，但还不会与产品概念相关联（即与作品无关的纯粹探索）。他们一般只是喜欢尝试用不同的方式将不同的部分连接在一起，然后才可能会想象出或联系到某样东西，从而给它起名字，如"这是我的汽艇"。

我强烈建议不要预设项目主题，比如，制作木头饼干或简单的鸟巢。这可能对一些孩子有用，但对许多孩子来说，如果他们不得不遵循别人的想法，可能会对木工失去兴趣，并且很容易因为不得不听从指示而感到沮丧。我们需要让孩子们尝试创造自己的学习的可能性。

鼓捣可以定义为"用工具进行探索，通过实验性的努力以一种随意的方式进行改进"，也可以定义为"以一种无用或杂乱无章的方式忙碌，进行缺乏目标或计划的行动"。对于后者，我认为词源学家显然没有抓住"鼓捣"的核心，因为鼓捣发生的时候也正是大脑产生想法的时候，这是创造力的核心！鼓捣是出于好奇，也是由此引发的一种行动，它有时能得到结果，但有时也会失败。

鼓捣是非常重要的，它可以引导孩子们探索工具是如何工作的、能用来做什么，他们能用工具做什么；通过试误学习，找出什么方式是有效的，什么方式又是无效的。一次成功之前往往会经历许多失败，但坚持是关键，停止尝试才是失败发生的唯一可能。事实上，孩子们需要有相当长的时间与工具、材料进行磨合，才能体会到来自木工的成就感。

这也是开展材料相关实验的好时机。研究表明，时间越充足，孩子们越能发现加工不同木材需要使用不同工具，也越能了解到塑料、皮革和木材等材料之间的异同。他们学会与材料进行对话，提出有关材料的问题，发现材料对各种工具的不同反应，还有机会尝试各种可能性。

费格斯·休斯（Fergus Hughes）将游戏定义为拥有选择自由、个人享受和专注于活动本身而不是结果的元素（1991）。鼓捣真实地呈现了游戏的这些特征，可以说它是游戏的一种典型的表现方式。

鼓捣本身具有巨大的价值，我们不需要过多地关注鼓捣的结果。在许多情况下，孩子们的探索会引导他们去探究别的问题。比如，他们发现先在木板上用钉子敲一个洞，会更容易把螺丝拧进木板；把做凳脚的木棒先裁成一样长短再安装，比安装好再裁成一样长短方便等。这些问题会激发他们探究的欲望。

建构（Construction）

一旦孩子们对使用工具和组合元素有更多的自信心，一些独特的想法可能会冒出来。他们可能会开始有工作计划，来设计某种产品。年龄较大的孩子可能希望利用图画的方法来勾勒出他们的基本计划或希望表达的愿景，只要有机会，他们就会去落实自己的想法。这些想法经常随着他们的工作进展和其他想法的增加而改变，但有时他们也能完成自己的初衷。

在木工制作的过程中，孩子们会

花费很多的时间，因为在这期间他们必须不断地想办法实现自己的想法。看到孩子们创造的各种不同模型体现出来的想象力的巨大变化，是一件令人高兴的事情。有些孩子的制作包含叙事的内容，他们的作品就成为故事的起点或者角色扮演或戏剧的道具。木工活动的一个优点在于它可以给孩子们带来多层学习（multiple layers of learning）[①]的机会，在任何一个发展阶段都可以引入对孩子的发展而言是适当的和有意义的新的工具和技能。

在模型基本完成之后，孩子们经常以不同的方式继续对其进行加工，有时他们可能会用水彩颜料或者丙烯酸漆（我经常把聚乙烯醇胶水和丙烯酸漆混合在一起，让颜料更有光泽）在模型上涂画。他们还可能用绳子、丝线、钉子等辅助材料装饰作品，以表现某些特征。

协作的拓展式学习项目（Collaborative extended learning projects）

一旦孩子们有能力，他们很可能会有其他挑战的愿望。我们可以将木工技能用于许多协作的拓展式学习项目，项目可以选用根据儿童的兴趣而定的真实场景与工作任务。例如，做稻草人来保护花园，或者根据环境的实际需要来制造或修复某些东西。真实的学习经历会深深地吸引着孩子们，他们会为自己的坚持与最终的成就感到自豪（第七章详细讨论了项目示例）。

值得关注的是，协作的拓展式学习项目的开展是孩子们的自信心培养的典型阶段。但事实上，在木工活动中，孩子们的好奇心与兴趣有可能被吸引到另一个方向，他们的学习往往会出现奇妙的偏离。追随好奇心与兴趣很重要，因为这是孩子们的精力和焦点所在。对于决定收集锯末并与油漆混合的米歇尔来说，这是另一段旅程的开始。在制造一艘船时，里卡多会在水中进行测试并着迷于船的漂浮，然后他着手用不同的材料探索漂浮和下沉的概念，开启一个全新的尝试。可以看出，他们的好奇心成为一种探索精神，这些新的奇妙旅程都值得被滋养与鼓励。

每个孩子都是独一无二的（Every child is unique）

与其他任何活动一样，关于木工活动，孩子们的能力和参与程度各不相同。当然，孩子们的能力也会因年龄、背景和以往的经历而存在很大差异。一些孩子进步很快，有强烈的愿望去学习如何使用新的工具；另一些孩子可能希望走得慢一点，花较长的时间探索一些简单的过程。他们各自的兴趣也会根据一天中的能量水平和时间而变化，我们需要因材施教。一些孩子喜欢有较长时间进行木工活动，而另一些孩子则可能希望参与的时间短一些。然而，根据我们的经验，木工几乎能够满足所有孩子的需要。

木工工作进展的总结（Summary of progression in woodwork）

□通过探索木材的环境和特性来熟悉木材：基本工具知识；了解安全和风险、个人防护、为他人着想；工具和工作台的安全使用；在木工区注意安全。

□学习技能和技巧。

□练习技能和技巧。

---

① 多层学习也称深度学习或者深度结构化学习，其基本含义是使用多个层次逐步从原始输入中提取更高级别的特征。

□鼓捣：开放式探索——探索材料和工具的可能性，开始组合部件。

□建构：创造具有代表性、象征性或抽象性的独特作品。

□引入更复杂的技能。

□增加复杂性，进一步发展创造性思维与批判性思维。

□涉及更高层次思维的协作拓展式学习项目。

探究木材（Investigating wood）

木材与树木（Wood and trees）

了解木材与树木的关系，一般从调查木材开始。这类调查可以包括研究和分享有关木材与树木的知识，同时需要思考木材的来源。研究部分可以包括了解森林和砍伐，发现不同类型的树木，思考它们是如何生长的、它们的生命周期与季节有什么关系。当需要调查树木和诸如树叶、树皮、果实、种子等众多元素时，其实就为孩子们创造了一个去树林的好机会。调查之后，可以帮助他们创建一个思维导图或海报来整理他们所有的知识。

在木工环境创设方面，教师可以选择一些天然木材，可能包括锯末、树轮、刨花、树枝、树叶、种子、圆木和浮木等，把它们陈列在教室里。另外，可以布置各种各样的木制产品，如勺子、铅笔、碗、椅子和珠子等。还可以在墙面等地方添加一些如建筑工人、木匠、工匠等的图片。

经过干燥处理和截面加工成矩形的木材看起来非常抽象，很难与真实的树木联系起来。采取让孩子们理解这种木材确实来自树木的做法是一个很好的主意。我从一个很大的树木的横截面切下一小块木头来帮助说明这一点，并帮助孩子们在木材和树木之间建立联系。孩子们也可以参与

植树等活动，以期进一步加深对木材与树木的关系的理解。把前几年种的树与树龄很长的树进行比较，可以帮助孩子们了解树木生长缓慢的现象。当年幼的孩子变得对树龄产生好奇时，说明这一切都加深了他们对生物生长的理解。

在最初的关于木材与树木的研究中，可以帮助孩子们把学习向各个方向延伸。例如，在一个灯箱上探索不同的叶子的细节，考察不同叶子的颜色和叶脉结构；探索用树叶制作版画；体验新锯下的木头的气味等。

作为材料的木头（Wood as material）

研究木材的另一个方面是将其作为一种材料进行探索。在这里，我们可以从让孩子们分享已经知道的知识，然后通过共同研究来拓展这些知识。我们正在开展木材"材质"的相关调查，这是为了了解木材的独特性与相关性质。我们可以探索木材的纹理、气味、质地、重量，比较干湿木材的异同，分析不同类型的木材的特征，研究各类木材的强度等。经过调查，我们可以发现木头可以漂浮，木头燃烧后会变成灰烬或木炭，木材在切割时会产生锯末，木材在摩擦时会变热等现象。

探索可以拓展到许多不同的方向。烧过的木头也许可以用来画木炭画；谈论木材和纸张可能会导致尝试造纸或用混凝纸①进行创作，或者讨论回收纸以及如何将再生纸转化为其他产品。可能性虽然是无穷的，但最重要的还是要遵循孩子们天生的好奇心和兴趣。

---

① 混凝纸也称制型纸，是指加进胶水等的经浆状处理的纸，主要用于做装饰品。

通过对木材的初步调查和探索，孩子们的理解力得到了发展，词汇也得到了丰富，他们变得更加熟悉木材的内涵和潜力。即使还没用木头制作东西，仅仅通过探索树木本身，孩子们获得的发展也是多方面的。

建立木工区（Establishing a woodworking area）

开展木工活动，首先需要有一个合适的空间。木工活动空间的选择很大程度上取决于你已有的环境条件，当然还需要考虑诸如能有多少孩子可以进入这个区域、如何对其进行监管、年幼的孩子是否也可以进入该区域以及特定的孩子群体如何参与等要素。设置木工区是一个好的选择和尝试，它能使孩子们集中注意力而不分心。对于正在木工区的孩子们来说，他们想要集中精力进行工作，但有时会受到持续的干扰，这是件很令人沮丧的事情。所以，木工区应该尽量设置在不太有人经过的区域。

木工区不管设置在室内还是户外，都能发挥它的作用。但一般来说，设置在户外应该会更好一些，我比较倾向于尽可能在户外开展木工活动，新鲜的空气和自然的日光会促进孩子们的学习。木工不是一种有氧活动，它只有短暂的活动爆发。当思考和作决策的时候，孩子们会有较长的不活跃时间。在天气寒冷的时候，孩子们不多走动会容易感冒，但多穿几件衣服又会限制

行动，戴保暖手套也不可取。这些都会导致孩子们对精细运动的控制力减弱，所以天气寒冷时最好在室内设置木工区。

在室内开展木工活动也是一个不错的选择，比如可以在教室的一个安静的角落里设置木工区。有许多学校会把木工作为核心课程的一部分，并且在每个教室都设有一个小型木工区，如在苏格兰的法夫（Fife in Scotland）。木工不像很多人想象得那么嘈杂，有时孩子们是在思考和解决问题，而不是在不停地敲打。但必须承认，有时也会有噪声，会有工具工作的声音。噪声大小可能是决定一次木工活动最多能容纳多少孩子的一个考虑因素。坚固耐用的桌子往往会吸收一些声音，而不稳固的桌子会随着木工活动而增大噪声。对地板上的锯末肯定要有一些清理工作，但肯定不会比其他活动更困难。

孩子们可以站着或坐着工作，这取决于工作台面的高度。许多教室的桌子太低，孩子们不能舒服地站着工作。工作台高的话，孩子们往往会处于站立状态。我发现很多孩子在第一节课上都喜欢坐在一张桌子旁，这样他们就可以真正花时间去探索如何使用工具并集中注意力。木工中的某些工作如锯切等应始终让孩子们站立进行，这样比较适合控制动作。一旦孩子们掌握了最基本的木工技能，可以独立地开展自己的项目的时候，他们中的大多数往往会在一个适合的位置选择站起来工作，因为这样他们可以更舒服地行动并更好地用力。偶尔也会有一些特定的木工工作可以直接在地面上操作。

木工区应设置在地表坚硬的区域，在那里掉落的钉子和螺丝可以很容易地被捡起。有时，一个大磁铁会使捡拾东西变得更容易。需要提醒的是，积木区与木工区应间隔一段距离，避免一些昂贵的积木成为儿童创作的一部分。

有些地方在木工区会设置门禁，这样做不仅可以防止孩子们在该区域没有开放的时段进入，而且可以用来限制参与活动的人数。同样，是否需要设置门禁在很大程度上取决于教师的具体要求以及教师认为什么最需要或者最适合。

木工区还可以悬挂或者张贴一些专业从事木材工作的人的图像、建筑的图像以及孩子们自己进行木工活动的图像，这对木工区的环境创设来讲是很重要的。

木工区必须至少有一个带台钳的工作台，以便进行固定锯切，还可以夹住木材钻孔。木工区里的所有工具、木材和其他的相关资源需要以一种连贯的方式组织起来，并进行适宜的呈现，而且一定要能让孩子们易于看到和便于获取。可以在墙上放置工具轮廓，帮助将它们放回原位或者放在盒子里，以便在需要时随时取出使用。木工区还需要有各种形状和尺寸的木材以及一些混合介质资源，如软木塞、按钮、钉子、螺丝钉等。所有可用的工具与材料都要放置在孩子们能够看到和方便取放的地方，以便充分利用资源。拥有可自由选用的较多的材料将增强孩子们的体验，这往往意味着将尽可能多的空间用于存储和工作。

工具的存储也应该考虑，如何更合理地存放往往取决于特定的设置。若工具需要被带到木工课程上，则要装在工具袋或者工具箱里；若工具只是在木工区里使用，就可以按照上述工具轮廓放置在墙上。无论如何设置，保持工具的有序性并确保它们被放回到指定位置是至关重要的。同样值得注意的是，需要有一个空间来储存孩子们没有完成的模型，这样可以使得他们快速回到自己的工作中去。

很显然，木工区将为孩子们提供一个出色的主动学习的环境。

木工工作台（Workbench）

工作台是孩子们进行木工活动的主要设备，它必须是坚固的，而且要足够重，以保证孩子们锯切、敲击的时候它不会移动。较轻的工作台可以在下面放置一个混凝土块，或者永久固定在地面上。工作台上一般都会安装台钳，需要锯开的木材可以用台钳紧紧夹住，既安全又方便工作。有许多教育供应商生产适合幼儿使用的工作台。

一个理想的工作台的台面应该是平坦的，最好是由硬木制成，并且至少要有两个台钳。在台面的中心有一个凹槽可以用来存放钉子和螺丝，在台面的下边还有储藏空间。工作台一般都比

较昂贵，但这项投资是必要的，因为它可以用很多年。在工作台安装完成时，必须由成人来检查是否安装到位。除了台钳外，工作台还可以包括一个木工夹，用来固定木板、螺丝等物品，方便操作。

　　对于那些预算紧张的人来说，一个解决方案是把一张坚固的旧餐桌的桌腿截短，让桌面处于正确的高度，然后增加一两个台钳。工作台钳有木制钳口，需与桌面齐平，这要比安置在台面上的工程师台钳更好用。但是，工程师台钳更容易安装在工作台上。有些老台钳带有一个快速释放按钮，这个功能还是有用的。另一个解决方案是购买一个成人工作台，简单地把腿切到适合的高度。

　　大约1200毫米×600毫米的工作台适合2~4个儿童，具体取决于他们所承担的任务。我建议工作台高度在610毫米左右，这个高度比较符合学前孩子的动作需要，使用起来也比较舒服。孩子们使用锯时，锯的角度稍微向下倾斜，刚好低于腰部高度；孩子们使用榔头时，抬起的手刚好在腰部的高度。但对于为孩子们提供支持的成年人来说，工作台的这个高度可能需要他们经常跪着工作，所以护膝成为一个必需的配备。

　　由于"笨重"的工作台不太好运输，需要准备便携式的装备来应对不同的情况。斯坦利的快速安装台钳（The Stanley quick-close vice）比较精巧，可以利用一些小夹子固定在大多数工作台上。它通过抽出压缩泵里的空气使其牢牢地夹在台面上，如果需要取下，只要轻轻地抬起手柄就可以了。另一种台钳是便携式台钳，它是一种工程师风格的台钳，往往是通过下面的一个附加的夹子固定在桌子上的。还有一种叫"特里顿"（Triton）的可折叠台钳，它更加稳定和坚固。G字夹也可以用来固定木材，但不建议用它固定要锯的木材。G字夹适用于工作台和桌子，以固定待

加工的工件。它的功能与提供给成人使用的老虎钳差不多，都是用来夹紧物件的。

此外，也可以考虑折叠工作台，比如"工作伙伴"。折叠工作台重量轻、易于运输，但不是很牢固，也不太稳定，孩子们使用时需要成年人提供帮助，防止工作台在锯东西时移动。工作台的稳定性通常随着成本的增加而增加，当然它们的重量也会增加。

工作桌（Work surfaces）

除了工作台，普通的桌子也适合一般的木工工作。如果用一些薄的木垫子保护的话，孩子们可以在旧桌子甚至教室的桌子上敲击和拧螺丝。对于垫子，我建议使用5毫米中密度纤维板（MDF），尺寸约为40厘米×40厘米。这些硬件成本相对较低。因为有弹性的桌子会降低敲击的效果、使敲击变得困难，所以桌子要结实、牢固。如果把桌子放在地毯上，也会起到降低其弹性的效果。

木材与其他材料（Types of wood and other materials）

巴沙木（Balsa wood）

在学习木工技能的早期阶段，没有什么其他木材可以替代巴沙木。它非常松软，易于敲击，可以协助孩子们比较容易地掌握一些常用的木工技术，也可以保证他们平稳过渡到使用较硬的木材。在这个过程中，孩子们容易很快就获得信心。它也是孩子们学习拧螺丝和用锯子的完美选择。巴沙木的缺点是价格昂贵，主要原因是全球库存量较低，因此最好谨慎使用，并且仅在获得基本技能的入门阶段使用。然后让孩子们直接使用其他质地比较松软的木材，如松木等。

一些实践者尝试使用过巴沙木的替代品，如用南瓜、厚纸板、密实的泡沫塑料块、装满黏土

的盒子或装满纸板的鞋盒来培养敲击、拧螺丝和钻孔的初步技能。但我真的相信巴沙木是最有效的，因为真实的木材为孩子们提供了真实的感知与美学的经验，使他们更容易把已掌握的技能运用到其他木材上。

巴沙木的名字来自西班牙语中的"筏"，这是一种生长迅速的树，高达30米，主要分布在南美洲和亚洲的印度尼西亚。它是一种常青树，由于叶子的形状而被归为硬木系列。它的大细胞含有水分，干燥后容易形成空隙，使木材密度低但强度高。

进口木材显然会产生高碳足迹，所以我强烈建议节约使用巴沙木。如果出于生态原因而觉得使用巴沙木不合适，或者很难获得巴沙木，可以选择所在的国家里的最松软的木材。在英国，如果是杨树、椴树或雪松等，则需要由专业供应商提供。另一种选择是使用小块的松木，让孩子们先在竖纹面工作，这样更容易用锤子把钉子敲进去。但在拧螺丝之前，仍然需要先打孔。

年龄较小的孩子（3～4岁）可能需要用轻木练习几次，才能对自己的木工技能有信心。而年龄较大的孩子（5岁）可能只需要短时间的练习来学习基本的木工技能，然后就可以将经验转移到像松木一样的软木上去。

轻木可以从许多供应商那里购买。刚开始的时候，使用尺寸为25毫米×25毫米、厚度为3～4

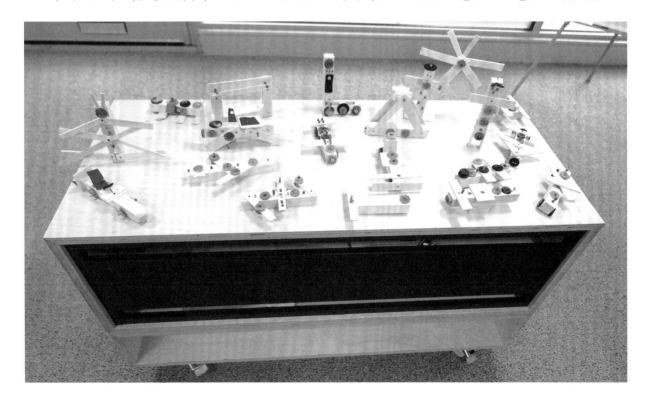

毫米的薄片是最理想的。这些木材可以被切成更小的部分，便于孩子们用钉子或螺丝连接箱形截面状的木材。

25毫米×25毫米的箱形截面状的木材也很适合孩子们学习用锯子，他们能很快获得信心，并希望能锯更厚的木材。

软木（Softwood）

软木要比巴沙木硬得多。如果一开始就接触软木，有些孩子很有可能会难以掌握木工技术，而不敢或者不愿意继续学习。

当孩子们开始使用松木时，可能性就会迅速增大。他们能够创作出更有趣的作品，手指和手臂肌肉也将得到更多的发展机会。积累了使用巴沙木的经验后，孩子们可以运用相同的技术，唯一不同的是在敲击钉子时需要更用力，或在使用螺丝时先钻小孔。如果你想要测试木材是否足够柔软，只要在木材的表面用指甲刮擦，看看是否有凹痕就一目了然了。松树、雪松、冷杉、落叶松、红木、杨树、椴树和云杉都适合孩子们在木工活动中使用，松树是目前最容易获得的来源。当然，不同种类的松树的硬度也有很大的不同。现在种植的大多数松树品种生长迅速，质地比较

柔软。一般来说，如果年轮靠得很近，木质会很硬；如果年轮比较疏，木质会比较松。应该注意的是，木头上的节疤都比较硬，可以建议孩子们尽量避免使用它们，因为它们很难用钉子钉上、拧进或锯穿。

软木可以从所有木材商人那里买到，它有各种形状和尺寸。作为一种早期的一次性资源，松树仍然相对昂贵，但是你应该能够从木匠和建筑商那里获得足够多的边角料。我从当地松树床作坊、木材采伐服务公司那里得到了一些边角料。其实他们很高兴看到自己的废料得到了很好的利用，很乐意把它们捐给学校。

我们可以经常向父母发出呼吁，请他们也能捐赠一些软木。通过多种渠道，我们是可以得到充足的软木供应的。如果想要购买松木，也很容易从林场找到这类可持续生长的木材，以确保其源源不断地供应。这其实也意味着你不会助长森林砍伐，而且你的项目将永远有木材供应。

如果真的要买木材，我建议买尺寸为25毫米×50毫米、40毫米×10毫米的，并提前把木材切成便于操作的小块，供孩子们使用。直径较大的木钉也是可以选用的，孩子们可以比较容易地将其锯成所需要的长度，也可以用它制造出很好的轮子。

硬木（Hardwood）

硬木的密度比较高，尽量避免使用。常见的硬木包括热带硬木和本土硬木两类，有橡树、黄杨、白蜡树、桦树、硬枫、柞木、水曲柳和山毛榉等。对年幼的孩子来说，硬木很难处理。当难以完成锯切、敲击和钻孔等工作时，他们会感到沮丧。在硬木上敲击时，钉子反弹的风险也更高。某些热带硬木还存在与木屑相关的毒性。

胶合板（Plywood）

胶合板是由薄木板黏合而成，它很容易裂开，而且碎片很锋利、很长，所以尽量避免使用。对年幼的孩子来说，由于胶合板相对坚硬，要把钉子敲击进去也是一件很难的事。另外，如果在胶合板上使用锯子，锯片也会很快变钝。

预制木材——中密度纤维板、硬纸板（Preformed wood – MDF，hardboard）

预制木材如中密度纤维板和硬纸板不应该在学校切割。虽然现在的中密度纤维板安全等级较高，本身的毒素水平很低，不会影响孩子们的健康，但用锯子锯开它时，产生的刺激性细尘是有危害的，当然不能让孩子与成人吸入。因此，孩子们不应切割中密度纤维板。如果使用预制木材，必须在其他地方按需要的

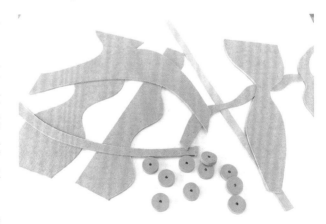

形状切割好，且操作员在切割时应戴上防尘面罩。我经常扮演操作员的角色，因为预制木材很容易做成波浪形状与拼图。还有一些预切割形状可以从教育供应商那里得到支持，比如车轮。这些现成的形状只限于扩大可用的木工资源，增加孩子们的材料选项。其实，中密度纤维板也非常坚硬，在敲击或拧紧之前需要先钻孔才行。但它相对便宜，在许多中小学的设计和技术课中都会使用它。

硬纸板是由粉碎的木材制成的，硬度较低，钉子很容易敲进去。但由于细尘较多，并不适合用锯子锯。薄薄的雪松片可以作为中密度纤维板或硬纸板的替代品，一般可以从锯木厂得到。它很容易加工，气味也很美妙，可以被切割成有趣的形状与拼图，作为木工活动的一种备用资源。

化学处理木材（Chemically treated wood）

以化学品作为防腐剂进行过压力处理的木材和已涂漆的木材应避免使用。在用锯或者其他方式处理这些木材时，含有可吸入毒素成分的物质有可能被人吸入体内。所以检查捐赠的木材是特别需要重视的。

软木塞（Cork）

软木塞主要来自地中海软木橡树，它是世界上软木产品的主要来源。软木塞具有任何其他天然材料没有的独特性质，它重量轻、不渗透气体和液体、柔软、有浮力。正是这些特性使它成为酒瓶塞子和地板的理想材料，它也很适合作为年幼的孩子的木工材料。

软木塞很软，特别容易把钉子敲进去。把软木塞切成薄片，就可以做成很好的轮子。我们可以用锋利的菜刀像切胡萝卜一样把葡萄酒瓶的软木塞切好备用。软木砖也可以切割，并与其他木材结合。需要预先准备好的软木片时，也可以向供应商购买。

天然木材和绿色木材（Natural wood and green wood）

孩子们经常带一些木料到学校，包括从森林旅行中带回的树枝以及日常采集的其他木材等，这些可以对木工资源作出有意义的补充。孩子们经常把这些材料运用到木工制作当中。比如，把树枝锯成圆片变成车轮、把树皮变成绳子、分叉的树枝变成鹿角。将这些不同的元素结合起来，可以帮助孩子们建立各种联系，更多地了解木材多样化的自然属性。

任何直径达10厘米的树枝都适合切成更小的部分。如果使用树枝较细的部分，在敲击之前先钻一个小孔是很有帮助的，因为它们经常会裂开。

使用树枝或树枝的某个部分有很多种可能性，甚至栗子的外壳或七叶树的果实也可以被纳入木工模型当中。大型的树桩也可以作为一个很好的表面用来练习敲击，断纹是很容易敲入钉子的。长一些的细树枝可以被切成小段做成珠子，因为里面的木髓可以很容易地去除。榛树的枝条很容易被切割成小片，可以把它做成轮子。浮木这样的木材的形状可能不是孩子们所需要的，但它充满了奇妙的惊喜。一般可以从两个方面尝试运用浮木，一是对它进行加工与调整以适应孩子们的设计，二是让孩子们调整他们的设计以适应浮木。

木材准备（Preparing wood）

有经验的成人可以使用电锯把大的木材切割成小块，这对孩子们的使用会有很大的帮助，特别是对那些捐赠的又长又大的木材来说很有必要。这样的加工可以节省孩子们大量的时间和精力，同时确保总是有充足且适宜的木材供应。成人也可以使用薄木片和带孔锯的电钻提前为孩子们准备一些小圆盘。

所有准备提供给孩子们的木材，一定要在使用之前把木头上的钉子或U型钉拔除。非常易碎的木材需要提前打磨粗糙的边缘，防止木刺扎手。

资源安排（Arranging resources）

与其有一大堆可能让人不知所措的边角料，不如把它们分别放进几个盒子。这样，孩子们更容易为特定创作目标而选用合适的材料。我们可以试着提供各种形状和尺寸的木材，这将提供给孩子们更多的选择，并有助于他们实现各自的想法。

附加材料（Additional materials）

多样化的附加材料能为孩子们在木工活动中的想象与创造提供更多的可能性和选择。同时，它还加深了孩子们对其他材料的了解，并协助他们有更多的机会与不同的学习领域建立联系。

在所有形状的附加材料中，圆形材料特别有用，因为它能应用到很多方面，如轮子、脸、眼睛、开关等。用中密度纤维板做的轮子可以从许多早期教育供应商处购买。纽扣和瓶盖也是木工活动的有用补充。瓶盖可以采取在中心钻孔或用大钉子敲一个小孔的方式作初步加工，以扩大它的使用范围。有小孔的瓶盖更容易用钉子或螺丝钉添加到木材上。

附加材料清单

铅笔，纸，附有纸夹的笔记板	棉卷轴
记号笔	橡皮筋
颜料	泡沫塑料
软木片	金属丝
纽扣	PVA胶水
珠子	螺母和螺栓
布料	染木材的织物染料
细绳/毛线/丝带	铰链和锁扣
皮革边角料	挂钩和链钩
用中密度纤维板做的轮子	卷尺
小树枝的截面	金属瓶盖
木料样品/布艺样品图书	锡纸
CD唱片	线轴
管道清洁器	拆下的玩具零件（比如从旧玩具车上卸下的轮子）
木钉	

如何介绍工具（How to introduce tools）

> 当你只有三四岁的时候，在有明确的规范要求以及成人的适宜支持的条件下，被允许以一种安全的方式使用木工工具进行制作。它带来的兴奋感也许永远也不会被忘记，这是高质量的学习。
>
> 蒂娜·布鲁斯（Tina Bruce），2001

工具应该逐一介绍给孩子，一次介绍一种。我们需要教孩子安全使用工具的方法，但这是一个缓慢和深思熟虑的过程。首先要与孩子们讨论如何安全使用工具，特别是要突出任何一种可能的危险，比如尖利的锯齿、转动的电钻等。我们需要与他们一起思考如何保证安全、一起讨论各种工具的功能，并分享工具使用的知识、思考它们潜在的用法。

最为重要的是，要向孩子们解释各种工具的特定用途，并且要学会尊重它们。同时，要帮助孩子们理解工具必须留在木工区内并在使用后归位的重要意义。在搬运工具时，应提醒他们小心谨慎，不允许拿着工具奔跑。

前几次活动的重点是熟悉工具、获得技能和建立自信。在孩子们进入木工区后，成人观察并记录孩子的能力水平显得非常重要，这是确定他们何时可以开始下一步行动、何时有能力独立工作的主要证据采集方式。下面介绍一下教孩子们学习运用工具的建议顺序。在"工具和设备"中，我将详细解释每种工具的正确使用方法。

早期孩子的木工一般从使用巴沙木开始，因为它很软，所以可以让所有的孩子轻松掌握基本技术。最初，我们一般先向孩子们介绍锤子和钉子，引导他们把钉子敲进木头，然后尝试用钉子把小木片连接在

一起。在开始的时候，你经常可以从孩子们的脸上看到担心的表情，这可能是由于他们认为木工的任务是一个真正的挑战。但在第一次把钉子敲进木头后，他们往往会乐此不疲地把钉子一个接一个地敲进木头。这时，就可以看到他们喜悦和满足的一面了。

第二种要介绍的工具是螺丝刀和锥子。孩子们要做的是先尝试把螺丝拧进巴沙木，然后用螺丝把几块木头连接在一起。在这个阶段，假如用锥子先在木头上钻一个小孔，再拧螺丝会轻松很多。

锤打和拧紧这两种基本技能提供了不同的连接方式，为孩子们制作飞机、雕塑等模型提供了很好的支持。

第三种要介绍的工具是日式锯（或其他类型的拉锯），孩子们用它把巴沙木切割成一段一段的，这样处理过的巴沙木使用起来就非常方便。

在孩子们用巴沙木练习了几次（可能只有一次）之后，我们开始转而使用像松木一样的软木。

接下来要介绍的工具是手钻，它是孩子们钻孔时需要使用的。用手钻在松木上钻一个孔以后

再把螺丝拧入，会显得轻松很多。我们还可以在此阶段引入重力钳，以便在钻孔时牢牢抓住木料。

孩子们只需要这些简单的工具，就能完成各种各样的木工创作。当其他工具与孩子们的需要和发展阶段相适应并相关时，可以逐步引入。新的学习层次将随着每一个新的工具和技术的引入而打开，孩子们会逐渐获得丰富的知识。

在孩子们能够熟练使用特定工具的过程中，记下所学的基本技能清单。保持记录可以让我们充分了解孩子们的发展水平与阶段，也可以更为科学、自信地帮助孩子们更独立地在更大范围内工作。假如有孩子在一年中的不同时间加入，记录谁学会了使用哪种工具也是很有用的，能使得个别化学习指导与推进更有效。

工具与设备（Tools and equipment）

最初，需要一个基础工具包。拥有最符合人体工程学的和合适尺寸的工具确实会产生很大的不同，其好处不容忽视。比如，一个手柄短、抓力好、重量合理、头大的锤子将是很好用的，而一个手柄长、头小的锤子将使任务更加困难甚至导致挫折。从长远来看，投资于高质量的工具将具有成本效益，因为大多数工具都非常结实，能持续使用多年。提供高质量的工具显示了对使用这些工具的孩子的尊重，也有利于推进高质量的工作。

基础工具包是进入木工区工作的所有孩子所必需的。在孩子们有关木工的知识和技能逐步发展的进程中，成人可以随着时间的推移而添加一些补充性质的工具。

基础工具包（Basic toolkit）

☐带台钳的工作台

☐初级安全眼镜

☐短柄圆头锤

☐短柄羊角锤

☐米字螺丝刀

☐手钻

☐日式锯

☐欧洲横切锯或大拉锯

☐G字夹

☐小锥或锥子

耗材（Consumables）

☐砂纸

☐钉子

☐螺丝

☐钻头

☐防尘口罩

辅助工具（Supplementary tools）

☐日式起钉器，扁平起钉器，拔钉钳

☐小型电动螺丝刀和六角钻头

☐手摇曲柄钻

☐掌钻

☐手锥和螺旋钻

☐锉刨

☐细齿锉刀和粗齿锉刀

☐横纹刨

☐钳子和钢丝钳

☐可调扳手和扳手

☐大磁铁

☐尺子和卷尺

☐三角板和直角尺

☐水平仪

补充耗材（Supplementary consumables）

☐螺母和螺栓

☐挂钩和链钩

☐木胶

如何使用工具（How to use tools）

我对使用工具的建议是从多年与幼儿一起工作并观察什么对他们最有效的经验中发展而来的。我认为需要优先考虑的工具应该有如下几个特征：使用简单，符合人体工程学，安全并可以让孩子独立使用。

安全眼镜（Safety glasses）

孩子们和教师在木工活动中应始终佩戴安全眼镜。我们要为孩子们树立良好实践的榜样，这很重要。

在硬木、中密度纤维板甚至软木上的节疤上敲击钉子时，钉子有反弹的风险。佩戴安全眼镜工作，可以降低眼睛受到撞击的风险。

如果我们认为孩子们已经到了可以做木工的年龄，那么他们也已经到了学习如何在适当的安全保护下照顾自己的身体和负起责任的年龄。佩戴安全眼镜可以在一定程度上强化他们在负责任地进行安全工作方面的意识。当然，孩子们也喜欢角色扮演，佩戴安全眼镜有助于他们感受角色。

安全眼镜不能简单等同于木工专用的护目镜，它种类繁多，存在一些问题。一般的护目镜使孩子们觉得不舒服，他们会因为不断重新定位而分心，有时视线也受到影响。这可能会导致孩子们的木工经验减少，还有可能伤害他们。安全眼镜则很舒服，孩子们很快就会忘记自己戴上了它，但最大的问题是需要提醒他们在活动结束时摘下眼镜。小尺寸的初级安全眼镜现在很容易买到，即使是最小的头部也能舒适地佩戴。

安全眼镜应妥善保管并单独存放，以免有划痕导致影响视觉效果。佩戴安全眼镜前，我们通常需要使用专用镜布擦拭，以去除手指印等印痕。

圆头锤（Ball-pein hammer）

木工活动中，首先需要介绍的工具是锤子。约230克（8盎司）的短柄圆头锤比较适合年幼的孩子，而且容易买到。这种锤子对于机械师而言有些尴尬，但对孩子来说再合适不过了。因为它重量适中，适合年幼的孩子抓握，柄短也有利于控制。它的一端有一个大的锤面，另一端是球形而不是爪形，因此不小心接触到使用者时会更安全。要注意，球形的一端是不能用来敲钉子的。

学校传统上使用长柄尖头锤，因为它相对轻便。但由于柄长、锤面小，它更难以控制，会增加手指受伤的可能性。如果许多学校已经有了长柄锤子，建议把锤柄变短一些，这样可以让孩子们对锤子的控制变得相对更容易一些。

我建议，在孩子们学习用锤子敲击的技能的阶段，成人与孩子的人数配比应采用1:3的比例。这样，成人可以为孩子们提供更充分的支持和指导，以确保孩子们树立信心，学会正确、安全地使用锤子。很明显，有了更多的成人教员加入，意味着有一个更大的团队可以同时开展工作，获得收益的孩子也会更多。当然，这需要考虑木工区物理空间的实际面积。

学习用圆头锤敲击钉子的最初的练习中，我们使用的是巴沙木块（25毫米×25毫米）和25毫米的圆头钉，这样钉子就不会从木头里伸出来。

我首先演示如何拿锤子，并展示用锤子的哪一部分（面）来敲击钉子。我会向孩子们强调，要时刻注意自己的锤击点，不要在锤击时分散注意力。我们会与孩子们讨论如果被锤子碰到手指会有什么感觉，以及不要以可能伤害他人的方式挥动锤子的重要性，特别需要提醒他们注意在自己后面的人。让孩子们轻轻地摸一摸钉子的尖端，提高他们对锋利度的认识，要强调自我保护的重要性。接着，演示如何用拇指与食指捏住钉子，确保它是垂直于木料，并演示在保持钉子直立的情况下轻轻垂直敲打。通过这些轻柔的敲击，即使他们不小心击中了拇指或食指，也不会感到太痛。其实我们都曾在某个阶段碰伤过手指，因此在以后都会加倍小心。在孩子们学习敲击钉子时，成人需要注意监督，需要及时停止任何过度的敲打。

一旦钉子可以稳定地站住，孩子们就可以把手移开，紧握住木头并远离钉子。然后他们可以更有力地敲击，反复敲打钉子，直到把它钉进木头里面。这里需要强调，一定要敲击钉子的正上方，而不是从一定角度撞击它，否则很容易把钉子敲倾斜。教师要帮助孩子们尽量拿稳锤子、少晃动，确保锤子的重量能充分地发挥作用。一个好方法是：先用手腕的动作（上下摆动而不是左右摆动）控制锤子的敲击，这样只需要使用较小的力量，且可以很好地控制锤子；再用前臂的动作（上下摆动而不是左右摆动）来加大敲击的力度。我建议孩子们不要把锤子举得比他们的头高，以保证动作的安全性和可控性。

短柄圆头锤使用技巧（Stubby ball-pein hammer）

如果我们把钉子钉得太靠近边缘，木头容易裂开，而粗钉子也很容易把木头劈裂。为了避免裂缝的出现，先钻一个导向孔是可行的办法。当需要把两块木头连接在一起时，可以先在一块木头上钻一个导向孔，再把钉子插入，然后锤击钉子。这样操作起来就相对容易多了。

使用钉子的时候，有几个需要注意的地方：

一是要避免敲击硬木、中密度纤维板或节疤，这些操作对年幼的孩子来说太难了，过于有挑战性。如果敲击的角度不合适，钉子反弹的可能性会增加，存在一定的危险性。如果必须在中密度纤维板上锤击钉子，得先钻一个导向孔。

二是务必移除突出的钉子或用锤子敲平钉子的末端，以确保安全。

三是一些木工的实践者主张用钳子或衣夹夹住钉子再进行敲击，这样可以让手指远离打击部位。当敲击较大的钉子时，孩子们会使用相对更大的力量，更应该注意让握木头的手远离钉子。

四是开展木工活动时，一定要确保孩子们不把钉子放进嘴里。在双手都被占用的情况下，成人偶尔会有咬住钉子的举动。但在孩子们面前，成人一定不要这样做，避免被孩子模仿。

用锤子敲击钉子的技能是一个熟能生巧的过程。开始的时候，年幼的孩子小心地握住钉子，让它直立在木头上，然后轻轻地敲打，直到钉子自己站在木头里。通过一段时间的反复练习后，孩子们一般能够自己独立地敲钉子。

同样，随着时间的推移，孩子们在不断进行的木工实践中会逐渐形成相关的概念，理解力也会相应地得到提升。比如，他们将学会最好的定位方法，使得敲击更有效率。他们还将发现：用一个钉子连接两块小木板时，它们会旋转，而用两个钉子连接两块小木板时，它们就被固定了。他们也

能比较准确地计算出最合适的钉子长度，以有效地连接不同的部分。

树桩是让孩子们练习敲击的理想物件，因为横纹让钉子更容易敲击进去。

羊角锤（Claw hammer）

工具包里有一把短柄羊角锤也很有用，可以用来敲击，还能够拔钉子。像羊角的一端是用来撬出钉子的，使用方法是把钉头卡入"羊角"之间，然后轻轻地往后拉动锤子，把钉子撬起。有时，在锤子下面叠一个小木块有助于把较长的钉子完全撬出木头。除此之外，其他工具也可以用来拔钉子。

日式起钉器，扁平起钉器，拔钉钳（Japanese nail-puller, flat nail-puller, pincers）

小型的日式起钉器是很棒的工具，非常适合年幼的孩子在需要拔出钉子时使用。重要的是要帮助孩子通过学习杠杆原理来使用起钉器，而非猛拉。因为孩子可能会把工具拉向自己，有潜在的伤害性。出于这个原因，我建议孩子们在成人的监督下使用日式起钉器。另一个好工具是扁平起钉器（很像平头螺丝刀，但在钉头的下方有一个小插槽），它同样适合孩子们使用。钳子也是用来拔钉子的工具，但由于存在夹手指的危险，需要在有成人监视的情况下使用。

螺丝刀（Screwdriver）

螺丝刀给孩子们提供了另一种连接木头的方法。最好使用短十字头螺丝刀，它通常被称为短螺丝刀，对孩子来说更容易控制和学会使用。使用开槽或一字螺丝刀相对更难些，因为它们很容

易滑出螺丝槽。

　　十字头螺丝刀有两种类型：米字螺丝刀[①]和十字螺丝刀。米字螺丝刀一般是首选，因为它对螺丝有更好的抓力，不太可能滑出。十字螺丝刀也是可以使用的，但它相对更容易打滑。米字螺丝刀是欧洲最常见的螺丝刀，手柄短粗、螺丝头大小为PZ2的米字螺丝刀比较适合年幼的孩子使用。螺丝头一般有不同的大小，螺丝刀要与螺丝头匹配才可使用，否则它将不能被抓握，容易滑脱。与PZ2米字螺丝刀匹配的螺丝头尺寸应为8或10（直径4毫米或5毫米），但螺丝的长度可以有多种类型。

　　成人在演示螺丝刀的使用方法时，主要示范从顺时针、逆时针两个方向转动螺丝刀，引导孩子们看看螺丝是如何进入木头的以及如何将其拆下。在孩子们尝试使用螺丝刀时，需要把正在加工的木头固定住，这样他们就可以用双手握住螺丝刀，使用起来更方便，也更容易用上力。

　① 米字螺丝刀既可以用来拧一字螺丝，也可以用来拧十字螺丝。

　　孩子们练习拧螺丝的时候，可以教他们在需要拧螺丝的地方用锤子敲击大钉子，或用锥子在木头（巴沙木质地松软，很适合孩子们练习使用螺丝刀）上戳一个小孔，然后用螺丝刀或者通过拇指与食指的配合把螺丝从小孔拧进木头，这样会方便很多。

　　需要提醒的是，在拧大螺丝时，孩子们的手部力量往往不足，这时可以借助于棘轮螺丝刀。

小锥或锥子（Bradawl or awl）

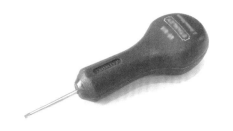

　　锥子是用来在木头表面戳一个小孔的，它要么有锋利的尖头，要么有类似于非常小的一字螺丝刀的一端。第二种更安全，而且随时可用。最好是选择一个简单的版本，这样它就更容易控制。在软木上做一个小的起钻孔或定位钻孔是很有用的。

小型电动螺丝刀（Small battery screwdriver）

　　小型电动螺丝刀是另一种可能的探索，有几种小功率的型号可供年幼的孩子们选用。小功率的电动螺丝刀旋转缓慢，孩子们容易控制，如果要拧长螺丝的话，它们会特别有用。孩子们真的很喜欢使用由电池供电的工具。注意，只有低扭矩的小型电动螺丝刀是比较安全的，其有比较好的抓力，适合孩子们使用。切记不要用带有螺丝头的电钻。

手钻（Hand drill）

在木工工作中，孩子们会发现把螺丝直接拧入巴沙木非常容易，但对于软木，必须先在上面钻一个小孔，再用螺丝刀等把螺丝拧入。这是由于软木木质非常坚硬，难以把螺丝拧进去。

可供孩子们选择的手钻有好几种，其中德雷珀手枪式握钻是一个不错的选项。这类手钻钻头外露，但旋转齿轮是内藏式的。这样，手指被旋转齿轮卡住而受伤的可能性就很小。

教师在做示范时，要向孩子们强调两个方面的问题：让钻头工作时始终保持垂直于木头的某个截面，否则钻头可能会折断；让手柄顺时针旋转，可以让钻头在木头上钻出小孔（对于左利手儿童来说，情况正好相反）。

短钻头（短粗钻头）可以减少钻头折断的可能性，手钻最适合小直径钻头。推荐使用短的3毫米钻头，它可以开一个很好的孔来拧下或钉入螺丝。但较小的钻头更容易折断。相对于螺丝来说，钻头的尺寸需要小一点。

用手钻成功钻孔后，要从木头上取下钻头，必须将手柄朝反方向旋转一圈。这样有助于释放钻头，能轻松地把它从孔中取出。

如果要拆下钻头，请握住手柄，使其不能转动，然后逆时针旋转卡盘，取出钻头。如果要插入钻头，请把钻头放入卡盘中，保持手柄稳定，然后顺时针旋转卡盘，将钻头拧紧即可。这些工作建议由成人来做，因为需要把钻头拧得很紧。

保护工作台或使工作台不被钻头钻入的常见方法有两个：一是在需要钻孔的木头下垫一块保护用的木头；二是使用连接在钻头上的钻头深度止动环控制钻孔的深度。

手摇曲柄钻（Brace and bit）

　　手摇曲柄钻是另一种特别受孩子们欢迎的工具，因为它使用起来非常方便。它具有很高的旋转力，孩子们可以用它钻出更大的洞。随着电动工具的进步，手摇曲柄钻已经不那么常见了，但仍然可以随时买到二手货。直径6毫米至10毫米的钻头是与手摇曲柄钻配合使用的理想选择。一般来说，钻头直径越大越不易折断。

　　由于手摇曲柄钻相对要大一些，孩子们把木头放在地上垂直钻孔会更舒服。它也可以水平使用，通过旋转将钻头钻入被台钳牢牢夹住的木头。如前所述，钻孔时保持垂直或水平对准是很重要的。

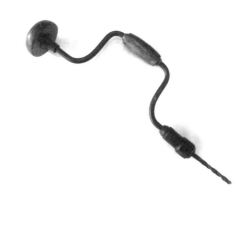

掌钻（Palm drill）

掌钻是一种小型非机械化木工工具，由一个钻头与手柄结合而成，比较适合孩子们在质地较软的材料上钻孔，像巴沙木、软木等。

手锥和螺旋钻（Gimlet and auger）

手锥和螺旋钻是在木头上打小孔的小型木工工具，螺旋钻的螺旋比手锥要稍大一点。手锥和螺旋钻的工作原理是一样的，在末端都有一条小螺纹帮助它们工作，通过旋转达到钻孔的目的。

G字夹（G-clamps）

G字夹有很多用途，常用来固定木材或者物件。孩子们钻孔时，为了能使上力气，经常会用双手抓握钻头，因此用G字夹夹住要钻孔的木材就显得很有必要。G字夹有很多种尺寸，其中开口约100毫米（4英寸）的比较实用，它能满足将常见厚度的木头夹在桌子上的要求。G字夹是可以被孩子们操作的，重要的是成人要做好监督检查，并在必要时帮助他们拧紧。

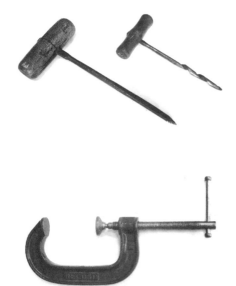

锯子（Saw）

很多家长一想到自己的孩子会使用锯子就有点紧张，经常问木工是否可以不用锯子。但锯子是最重要的工具，它可以帮助孩子们将木头切割成他们需要的尺寸，从而对他们的设计和创作有更多的控制。

适合年幼的孩子使用的锯子将会给他们的工作带来极大的不同。我们很希望使用锯子的工作变得尽可能简单些，并尽量避免让任何孩子气馁。常见的锯子类型有用于锯弧线的曲线锯、用于锯枝条的弓锯、用于锯金属的钢锯等，如何选择最合适的锯子往往让人感到困惑。

工具包里应包含两把锯：一是小型日式夹背锯。二是用于切割较厚的木材或标准件的欧式横

切锯，这是一种大拉锯。

锯子需要锋利才能切割木材，所以我们在搬运它们时需要格外小心。带有细齿的锯更合适，动作更平稳，因操作不当而造成伤害的可能性也很低。

在任何情况下，被切割的木材都必须用台钳固定住。将工作台加固也是非常重要的。如果使用轻型工作台，教师有必要帮助孩子们固定它。木材应靠近工作台切割，以保持其牢固，也能避免震动。最好在距木材夹在台钳中的地方约2厘米处切割。离得太近，锯柄可能会撞到桌子；离得太远，木头可能会弯曲，使锯切更困难。

教师向孩子们介绍锯子时，需要让他们看看锯子有多锋利、轻轻地摸一摸锯齿，以提高自我防护的意识，也需要向他们强调护理锯子的必要性。

锯切时，教师与孩子始终需要一对一地监督，检查木材是否牢牢夹在台钳上、孩子是否能正确地使用锯子，并在必要时支持他们使用锯子。最重要的是，教师要确保其他孩子不会从正在使用的锯子前经过或者在锯子前观看。教师若能提前预判并保持区域畅通，是可以排除这种风险的。孩子们喜欢看是正常的，但要确保他们站到锯子后面。另外，也可以通过选择工作台放置的位置使锯子向墙壁伸出，而这个区域是不允许孩子们进入的。锯子用完后，必须把它放到一个看得见而且比较高的安全的地方。

一些实践者主张不握锯子的手应该放在背后，但这样做是适得其反的，因为这是一个不舒服的姿势，会影响到孩子们的重心或者是动作的平衡，使得他们不能在锯木头时投入足够的力量和保持动作的精确度。也有人建议让孩子们戴手套，但这限制了他们的抓握和控制，是没有帮助的。一些锯子使用时最好用两只手，另一些锯子使用时最好只用一只手。这些我会在后面解释。

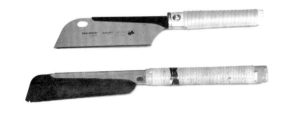

小型日式夹背拉锯（Small Japanese dozuki pull saw）

由于原产于日本，拉锯也被称为日式锯，它是年幼的孩子的木工工具包里的重要工具。这种锯子先是在中东被广泛使用，后来很快在欧洲也变得司空见惯了。它是一种很好的入门级锯子，特别是在使用质地松软的巴沙木时。

日式锯和欧式锯是不一样的。前者通过拉动锯子给锯片施加张力，达到切割木料的目的；后者通过加强锯片来避免推动锯子，从而切割木料。也就是说，日式锯向前推比较轻松、比较好用力，欧式锯则相反。很明显，日式锯更容易控制，更适合孩子使用。

日式锯的锯条很薄、锯齿很细，因此孩子们会发现使用它特别容易。其实，这就意味着减少了孩子们切割木材的工作量。使用日式锯时需要用两只手握住锯柄，这样既有助于孩子们在垂直于木头的角度进行直线切割，又能使他们的手远离切割区域以保证安全。

每一个使用过日式锯的人都会惊讶地发现，它比欧式锯更容易使用。欧式锯在推动冲程时可能会轻微卡住，如果不保持笔直则会变得难以推动。如今，许多建筑工人和木匠开始使用日式锯。

日式锯中，一类是两侧都有锯齿的双刃锯，也叫ryoba锯；另一类是只有一侧有锯齿的单刃锯，这类锯子又分成dozuki锯与kataba锯。dozuki锯顶部有光滑的夹背[1]，而kataba锯则没有夹背且刀锋非常灵活，为了安全，尽量避免使用。在日本，孩子们通常会使用ryoba锯来切割厚的木材。但为了将风险降到最低，建议使用dozuki锯。这种锯子的局限性在于切割深度受锯片宽度（30毫米到50毫米）限制，因此需要使用能用于更深的切割加工的第二把锯子。

总结日式锯的类型：dozuki锯属单刃锯，锯齿在一侧，顶部有夹背；ryoba锯属双刃锯，两侧锯齿一般会有区别，分别可

---

① 夹背常见于部分单刃锯，一般为不锈钢卡槽，它有两个作用：一是安装单刃锯片，二是保持锯片的稳定。

锯软木与硬木；kataba锯属单刃锯，锯齿在一侧，但没有夹背。

大拉锯（Larger pull saw）

年幼的孩子适合选用更大的拉锯，虽然它们不像欧式横切锯那么常见，但也能轻松获得。

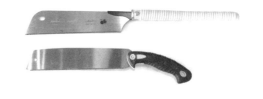

这类大拉锯是一种尺寸更大但没有夹背的kataba锯风格的日本单刃锯，有许多制造商都在生产这种大拉锯。日式大拉锯一般是用两只手拿着的，而其他的拉锯通常有一个更适合一只手使用的有突起的把手。其实，孩子们有能力使用其中任何一种。大拉锯的工作原理和前面所述的日式锯一样，但它有更厚的锯片，在显得更坚固的同时缺少了灵活性。因为没有夹背，它可以更方便地切割任何厚度的木材。当然，这需要使用锯子的孩子有足够的力量。假如孩子们能用大拉锯成功切割一些大的、厚的木材，他们对各种锯子的控制力将会有很大的提升。

锯片长度为30~40厘米且有好的锯齿的大拉锯比较适合年幼的孩

子使用。

用更大的拉锯切割木材，通过一两次推拉就可以在木材上形成一个凹槽，足以显现它在切割木材时的高效率。

欧式横切锯（European cross-cut saw）

对于年幼的孩子来说，欧式横切锯是一个非常合适的选择，在许多学校都已经有了。我建议选用小一点的，锯片长约40厘米，锯齿比较细，孩子们使用时动作会更流畅，切割效果也会更好。瑞典的Bahco工具箱锯就是一个很好的例子。使用欧式锯时，孩子们最

好一只手拿住锯柄、另一只手扶在工作台上以保持身体平衡，并要远离锯子和被切割的木材（木材需要用台钳夹紧）以保证安全。

欧式锯是通过前推来达到切割的目的，比日式锯更容易被卡住，尤其是在孩子们用力过大的时候。所以在使用它时，必须保持眼睛、手臂和锯子在同一条水平线上。要引导孩子慢慢感受借助背部力量推拉锯子，这样切割会容易些。用锯子切割木材时，注意推拉的节奏要缓慢些、用力要适度，用力过大很容易被卡住。随着时间的推移，他们会慢慢找到使用锯子的感觉。要避免让孩子们切割节疤，即使对成年人来说，这也是非常困难和具有挑战性的。

欧式横切锯的锯齿实际上比锯片稍微宽一点，这样在推拉锯片进行切割时会比较顺畅，也不容易随着切口加深而被卡住。

对年龄较小的孩子（3~4岁）来讲，欧式横切锯的锯刃最大长度保持在大约350毫米以内。长锯较重，一旦木材被锯开，其可能会向下摆动，存在隐患。

锯切：一般技巧（Sawing: general tips）

锯切有时会很棘手，因为有些木材比较难锯。但事实上，只要锯子锋利、推拉锯子的速度保持稳定，切割木材就不需要费太多力气。

要把锯子存放在孩子们能看到但碰不到的较高的地方，让他们在想用锯子的时候提出要求，由成人拿下来交给他们使用。成人需要对孩子用锯子锯切木材的过程进行严格监督，在使用好以

后再帮助他们把锯子放回到安全位置。

经历了漫长的艰辛与努力，当被成功锯开的木块"砰"的一声掉在地上的时候，你可以看到孩子们脸上满是喜悦，更令人惊讶的是孩子们在切割大块木材时表现出来的执着。

沿横纹切割比沿竖纹切割容易得多。生长快速的木材纹理较粗，更容易切割。新鲜的木材更难切割，因为它很容易把锯齿卡住。

传统上，许多学校使用一些专为切割金属和塑料而设计的小型钢锯做木工，但因为它们锯片较短，使得孩子们的锯切动作相当不协调。不过，在切割非常柔软的巴沙木时，小型钢锯可以成为一个选项。

以前，学校经常用木工钩板来抵住需要锯切的木材，这是为了使木材相对牢固而不会移动。台钳则很少被使用，因为钩板可以节省时间。但这对于年幼的孩子来说并不是一个好的选择，不推荐使用。由于孩子们手部力量不够，木材很容易松动，而且锯切时离手太近，很不安全。

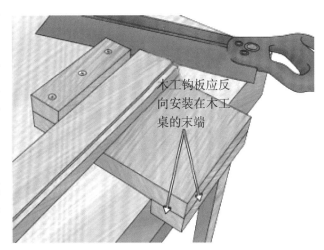

木工钩板应反向安装在木工桌的末端

锯切木材时的姿势很重要，它会影响推拉锯子的效果。锯切的正确姿势一般是：站好位置，保持身体平衡，两脚自然分开（用右手时左脚向前，反之类推），并保持眼睛与锯子的纵向在一条水平线上。

锯切通常会在切面留下粗糙的边缘和潜在的碎片，这些都需要用砂纸、细齿锉刀、粗齿锉刀或锉刨磨平。

锉刨（Surform）

锉刨包含一条穿孔的金属条，类似于食品研磨器。金属条上的每个孔的边缘被磨尖以形成刀口，然后被安装在刀架或手柄上。锉刨在修整表面平滑度不高的边缘时很有用，有几种不同的型号适合年幼的孩子使用。

细齿锉刀和粗齿锉刀（Files and rasps）

细齿锉刀和粗齿锉刀常用于圆角、平滑边缘的加工或木材的一般成型，二者的区别在于用前者打磨会比较精细、用后者打磨会比较粗糙。使用锉刀需要特别小心，因为它有可能会伤害到孩子，但它在木材与模型的精细化加工方面确实很有用。在使用的过程中，锉刀的锉齿会被木头特别是木屑堵塞，所以时常要用刷子清理锉齿。一般情况下，我们可以给孩子们提供一个补充性的工具包，里面包括弧形、平面和半圆形锉面的三把锉刀。

横纹刨（Block plane）

使用横纹刨需要更多的协调性与相应的技巧，因此最好把它介绍给那些年龄大一些而且在其他木工技能方面有丰富经验的孩子。横纹刨是一种很有用的工具，它可以把木头表面的粗糙部分一层一层刨去，以使其光滑。孩子们会特别享受使用横纹刨的过程，被它产生的刨花所吸引。刨花是一种有用的木工副产品，可以以很多不同的方式运用到孩子们的创作中。

剪钳和钢丝钳（Pliers and wire cutters）

钳子可以用于各种各样的任务，而钢丝钳有助于剪断一定长度的金属丝。但在孩子们使用时要做好必要的监督，以免他们被夹住手指。剪钳和钢丝钳比较适合年龄较大、经验丰富的孩子，是工具包的有用补充，在组合不同材料的时候特别有用。

大磁铁（A large magnet）

大磁铁不是一个显性工具，但它非常有用。在一次木工活动结束后，我们需要把那些撒在或者掉落在桌面上、地上的钉子和螺丝捡起来，为进入木工区的年幼的孩子提供一个安全的活动空间。过去我经常请孩子们帮忙捡钉子和螺丝，直到一个4岁的男孩建议使用磁铁来帮忙。在几个星期前我们一起用磁铁和回形针探索了磁性后，这个孩子已经知道磁铁的作用了。现在，他开始使用磁铁来收集钉子和螺丝。

另外，瓷碟也可以用来放置钉子和螺丝，但它应该放在工作台上，而不是地板上。

尺子和卷尺（Rulers and tape measures）

木工区最好能提供直尺、折叠木直尺、小型伸缩胶带卷尺、丝线（带）或布卷尺等测量工

具，以支持孩子们的数学思维发展。我们会很惊奇地发现，孩子们能用它们来比较木材的尺寸或模型的大小。在安全性方面，我们要避免提供较大的可伸缩卷尺，因为它的高转速可能造成伤害。一般来说，长度小于1米的伸缩胶带卷尺是比较安全的。

三角板或直角尺（Set square or carpenter's square）

三角板或直角尺都有一个直角，可以用来标记以垂直切割木头。年幼的孩子是有能力学会很好地使用它们的。

水平仪（Spirit level）

孩子们真的很喜欢用水平仪进行探究，而且它可以在一些更广泛的拓展式学习项目中发挥作用（见第七章）。

可调扳手和扳手（spanners）

常见的扳手包括可调扳手与不可调的普通扳手，它们需要和螺母、螺栓一起使用。扳手的引入是对木工领域的一个有趣的补充，因为孩子们可以钻更大的洞，用螺母、螺栓将木块组合在一起，然后用扳手拧紧它们。扳手在各类解构项目（如拆卸三轮车）中也有很大的用处。

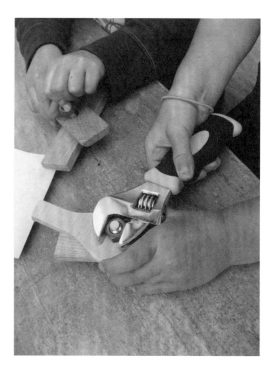

耗材（Consumables）

钉子（Nails）

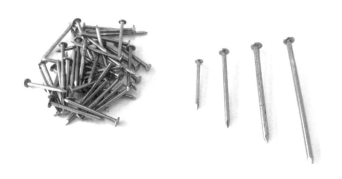

直径25毫米的亮圆平头钉是木工区大量需要的基础材料。钉子要么是镀锌的，要么是普通的钢质的。钉子的平头顶提供更大的打击面，并可用羊角锤、拔钉器撬起拔除。这类钉子比较便宜，很容易从所有五金店买到。批量购买是一种经济实惠的方法，一箱25千克的钉子可以用几个月。25毫米这个尺寸的钉子相对细短，有足够的长度能让孩子们舒服地捏住，而且很容易被敲入木头中。这些钉子非常适合与最初的25毫米×25毫米巴沙木结合起来使用，也能用来完美地连接各种片状的软木材料。25毫米的钉子是比较适合年幼的孩子的，它比较好把控，容易让孩子们获得敲击成功的信心。孩子们掌握25毫米的钉子的敲击技巧之后，就可以使用更大的钉子了。

此外，还有各种尺寸的平头钉可供选择使用。我建议使用40毫米、50毫米、65毫米尺寸的直径较小的亮圆平头钉，这些尺寸的平头钉同样可以从任何供应商那里批量购买。值得注意的是，钉子的直径越大，越难敲入木头。孩子们经常倾向于选择最大的钉子，如果他们发现这很难用，应该建议他们试试更细一点的钉子。25毫米的钉子是比较适合的。应尽量避免让孩子们使用大钉子，因为这些钉子需要用成人专用的锤子敲击，对力量的要求很高。如果提供的钉子使用难度过高，孩子们完成作品需要花相对长的时间，甚至无法完成作品，这有可能会影响他们的积极性。

螺丝（Screws）

我建议先学习使用较短的米字螺丝。螺丝一般按长度和宽度分类。长度是以毫米为单位，但通常仍以英寸为单位；宽度上，按直径或以量规[①]编号。适合孩子使用的螺丝长度为15毫米（3/4英寸），宽度为10号（直径5毫米）或8号（直径4毫米）。这些螺丝比较短，孩子们可以相对快速地把它们拧入木材当中。这会使任务显得更轻松，更容易建立他们的信心。要确保选用的是米字螺丝，并有短粗的米字

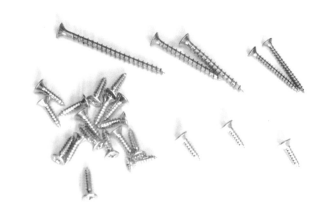

---

① 量规是用来校核或测量物体的特定尺寸的工具。

螺丝刀匹配（十字螺丝刀仍可以用，但容易打滑）。随着孩子们使用螺丝的技能的发展，可以逐渐引导他们选择不同长度的螺丝，但宽度还是要保持与10号或8号螺丝相似。

砂纸（Sandpaper）

砂纸在木工中的作用非常大，它可以帮助我们去除木材或者模型上的碎片、打磨粗糙的边缘。砂纸是早期引入木工当中的一个好产品，孩子们喜欢看到它对木材的影响。如果要向孩子们介绍砂纸，可以让他们用砂纸打磨一小块松木。最初可以尝试打磨木头表面的铅笔痕迹，看看会有怎样的结果。打磨时，木材会释放出一些特有的香气。巴沙木质地柔软，它的碎片都可以忽略不计，所以没有必要进行打磨，但砂纸是用于给巴沙木塑型的很好的工具。一旦孩子们开始使用软木如松木，他们将需要开始打磨边缘。

砂纸传统的用法是包裹在小木块上，然后摩擦其表面，这对孩子来说是相当困难的，因为他们发现很难将砂纸包裹在木块上。在日本，幼儿常用的有效方法是把砂纸粘在中密度纤维板上，可以将不同等级的砂纸粘在不同饰面的板上。对于幼儿来说，用这种方法使用砂纸要容易得多。另外，一些方形的小砂纸有助于打磨较难触及的部位。粗等级的砂纸对于打磨粗糙的边缘最有用，还要提供中低等级的砂纸，使孩子们能真正把木材弄光滑。

另一个选择是将砂纸粘在带有维

克罗（Velcro）①魔术贴的小木块上，这样，孩子们就可以拿粘有砂纸的木块打磨木材了。

防尘口罩（Dust masks）

木工区的正常工作不需要戴防尘口罩，但如果进行较多的打磨，则应戴上防尘口罩，以防吸入大量的粉尘。一般情况下，孩子们的木工活动不太可能产生大量的粉尘。但如果要做大量的打磨抛光工作，建议还是戴好防尘口罩，尤其是有哮喘的儿童。戴防尘口罩传达了这样一个信息：我们需要保护自己的肺不受粉尘的影响。成人防尘口罩不适合孩子们使用，但在出售病毒防护用具或花粉保护用具的商店里，会有许多适合孩子大小的口罩可供选择。

钻头（Drill bits）

在木工区准备适合的钻头是件好事。较小的钻头会时不时地折断，所以可以多准备一些。3毫米的短柄钻头可以以十个为一组购买，6~10毫米的大钻头需要与支架一起配合使用。这类钻头虽然更坚固，但会随着时间的推移磨损，也需要及时更换。

木胶（Wood glue）

我经常被问到如何在木工中使用木胶。我认为，在能用钉子或者螺丝组合木工作品时，要尽量避免使用木胶。使用木胶会破坏木工作品的流通效果，因为必须把木工作品放在一边晾干，这需要花较长时间。当然，孩子们可能很希望在木工作品完成后将一些材料元素粘到上面。有时，用胶水倒是最好的连接方法。PVA胶水比较适合在木质材料上使用，但用后要让其干燥两小时，使其完全变硬则需要12小时。PVA胶水很滑，所以连接后需要用重物压紧、用胶带或松紧带绑紧，也可以用夹子夹紧。如果孩子们熟悉胶枪的使用，则可以提供一种更便捷的方式，来组合附加的材料元素。

螺母和螺栓（Nuts and bolts）

木工区有可选择的螺母、螺栓和垫圈。最适合的螺母尺寸是6毫米、8毫米、10毫米。有一种翼形螺母很受欢迎，它很容易用手拧紧。但选用螺母要尽量避免尺

---

① Velcro是一个粘扣带或魔术贴的品牌。

寸过小的，因为其使用要求特别精细，不是很适合年幼的孩子。

挂钩和链钩（Hooks and eye hooks）

挂钩和链钩可以为木工区提供额外的资源，特别是当与其他材料如细绳、毛线、电线结合时。使用时，可以先用手锥或小锥在木制品上钻小孔。挂钩和链钩中，有些可以直接挂在小孔上，也有些需要用螺丝固定在小孔上才可使用。

工具维护（Tool maintenance）

定期检查工具是否损坏或磨损很重要，比如检查锤头是否松动或锯片是否变钝。可以偶尔给金属部件上油以防止其生锈或失去光泽，也可以给木把手涂上一层薄薄的亚麻籽油。

工具管理（Tool organisation）

工具管理在很大程度上取决于木工区的工具的存取、使用与归位的需要，还有它是否总是作为持续提供的一部分。要考虑的问题是工具的安放，这样孩子们就可以很容易地独立选用工具，然后归位到正确的位置。出于安全考虑的各类问题都需要解决，如某些工具的限制使用、在木工区中如何携带工具以及保证其不被带离等。

供应商（Suppliers）

有许多教育供应商为孩子们提供大量专用工具，任何工具都可以在线上供应商那里轻松地找到。许多工具也可以从普通的五金店买到，如钉子、螺丝和砂纸等耗材。

> 如果我再做一次，我将会在后面加上翅膀，这会更容易把灯和车轮连在一起。
>
> 卡拉（Kara），4岁

第七章　拓展式学习项目

木工活动提供了促进孩子们茁壮成长所需要的东西，我相信它应该成为每一个环境创设中应该考虑的关键部分。

简·怀特（Jan White），早期顾问

章节概述

本章将介绍一些通常能持续数周甚至数月的长期项目。首先，我将解释拓展式学习项目的含义，并对如何基于项目学习的背景将不同的学习领域结合起来进行具体的说明。其次，我将介绍一些从孩子们的兴趣中产生的项目的例子。

雕塑
声音花园
木条装饰画
造房子
解构
泥巴厨房

拓展式学习项目（extended learning projects）是拓宽学习经验的一种奇妙的方法，它强调在发展技能的基础上结合不同的领域进行更深入的调查，引导孩子们去发现、理解各种工具和技术在现实生活中的应用。

拓展式学习项目往往需要一群孩子在一起协同工作相当长的时间，可能会持续几次活动，有时会耗时几周甚至几个月。这为孩子们提供了一个互相学习的好机会，他们可以以彼此的想法为基础完善设计，共同解决问题，同时通过换位思考提升自我的创造性思维与批判性思维。

多年来，项目式学习获得了许多支持者。瑞吉欧教育体系（The Reggio Emilia approach）一直支持项目式学习，其中查德（Chard）和卡茨（Katz）尤为支持。项目式学习是一种以儿童为中心的教学方法，孩子们通过积极探索现实世界的问题和挑战来获得更深层次的知识、通过长时间的工作来调查和回答一个复杂的问题或者挑战，并以此来了解一个主题。这是一种主动且基于探究的学习风格，其中的学习项目具有跨学科性质。

理想情况下，拓展式学习项目的想法会从孩子们的兴趣中产生——一个驱动性的问题、一个需要解决的问题，或者来自需要修复或添加到环境中的东西的真实情境。在一个例子中，为了让鸟儿远离在园艺项目中种植的种子，孩子们决定制作一个稻草人。这个项目持续了好几周，孩子们形成了自己的想法、收集了原料，制作了稻草人。另一个例子是孩子们先做了计划，然后修缮了一个损坏的花园长凳。

其他的例子是从孩子们被询问他们想要什么样的户外环境中发展而来的。有一次，我们从这

些讨论中发现孩子们想要一个游戏屋，然后开始了一个长期的项目：设计和制作一个游戏屋，而不是购买它。显然，这是一个极为复杂的项目，需要有大量的成人投入。我们发现，孩子们在整个项目的设计和制作过程中能积极主动地工作，一直保持高水平的参与。他们自主参与、自由探究、协商，保持高度的投入和兴趣并能坚持到底。所以，我们可以很容易地判断这个项目是否能成功，我也为孩子们在项目结束时感到自豪而高兴。

项目学习阶段：

（1）儿童兴趣引起的初步概念或挑战。

（2）概念或挑战的探索。

（3）几种可能的方法—调查阶段—建立在彼此想法的基础上的共同激励。

（4）选择行动方案。

（5）实施—监控—改进。

（6）反思—评估—相互检讨—反馈。

下面是一些我们已经进行的拓展项目的例子。

雕塑（Sculpture）

对于孩子们来说，创作雕塑一直是一个非常吸引人的项目，它为拓展木工技能提供了一个很好的途径。与其他艺术形式一样，雕塑让孩子们有机会以多种不同的方式表达自己的想法，因为他们往往喜欢以物理形式表现思想、经验和感情。

这个项目可以从观看雕塑图片开始，以获得更深入的理解并讨论雕塑类型，然后探索如何借助黏土、纸张和卡片等各种不同媒介制作木塑。

经过前面的准备之后，孩子们就可以开始创作自己的雕塑作品了。他们把木头作为创作雕塑的材料，实际上就是在创作三维立体作品。我发现在底座上安装一块竖直的木头是一个很好的起点，就像一张纸是绘画的起点一样。与此同时，我们需要为孩子们提供各种形状和尺寸的丰富边角料，以支持他们的雕塑创作。

孩子们可以选择他们喜欢的材料，选用钉子或螺丝连接，创作他们的木塑作品。整个创作过程中，他们有很多运用各种各样的技能表达想象力、解决问题的能力和发展创造性思维的机会。此外，用木头制作雕塑也能发展空间思维，并提供了许多利用其他学习领域的知识与技能思考问题的机会。

年幼的孩子是非常强大的视觉思考者，有着清晰的审美意识。对他们来讲，视觉是先于语言

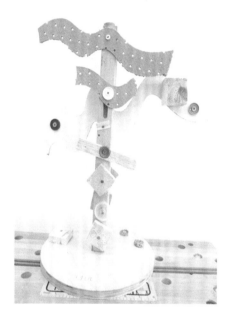

的第一语言。让人印象深刻的是，孩子们的安排好像是经过深思熟虑的，他们对形状和形式的美似乎有着自然的理解。

雕塑项目的另一个方面可以是共同创作更大的合作雕塑。在这里，我们可以讨论各种选择，关注孩子们的兴趣。各种想法可能会演变成图腾柱状结构、巨型蜘蛛网、巨型风车等。制作大型合作雕塑的一个简单方法是找一块50毫米×25毫米或50毫米×100毫米粗、2到3米长的松木，根据需要添加各种元素。

在雕塑项目中，将木材与其他材料结合在一起是很有趣的，比如加上钻孔的彩色塑料片、软管等，可以制作一个真正的混合媒体雕塑。这些雕塑适合留在户外环境中，时间可以长达几个月，看起来非常棒。它们为环境确实能支持创造力发展的观点提供了一个强有力的证据。

一些机构利用这个机会在商业画廊展示孩子们的雕塑，以此来介绍他们的雕塑项目。孩子们此前有参观过美术馆和博物馆的经验，很高兴通过作品展览与他们的大家庭和公众分享自己的作品。共同见证孩子们的作品集合在一起展出是相当了不起的，更何况还得到了令人难以置信的积极反馈。这些孩子的创造力和技能使广大社区感到震惊。允许孩子们与社区分享他们工作的项目表明他们能为大家作出一些贡献，应该被视为社区的平等成员。这也是一个与当地社区建立联系的好机会。

声音花园 (Sound garden)

声音花园项目是从为现有的破碎的户外音响设备找到解决方案的想法演变而来的。孩子们决定自己创造一些新的声音，并利用他们的木工技能来建造一个声音花园。这个项目是由孩子和家长们带来一些旧厨具开始的。孩子们通过试验它们发出的不同声音探索这些声音的特点，接着选择他们特别喜欢的声音。金属发出的声音可以通过悬挂物品、倾听敲击或碰撞它们而发出的声音来进行研究。可以把金属物品放在地板上，看看它们是如何发出像鼓一样的声音的。孩子们也可以尝试通过刮擦或敲击它们的方式发出声音等。我记得在试验一个大金属垫圈和一根螺纹杆时，有一个男孩对垫圈慢慢地沿着螺纹杆螺旋下降时发出的悦耳声音很感兴趣。不用说，这是声音花园的另外一个优势。

经过对金属和声音的探索之后，孩子们继续思考设计他们的声音花园。最后的阶段是建造，孩子们可以完全参与到所有的建设中，锯木材支撑结构，协同努力给厚木材钻洞并用螺栓连接起来。他们通过诸如锯、锤击、钻和使用钉子或者螺丝进行连接、用扳手加固马车螺栓等木工技能添加了一些声音元素。

由孩子们自己设计声音花园，确保了其吸引力和他们喜欢的元素。很少有孩子不喜欢在我们的声音花园里玩耍，因为那里有各种不同声音的完美融合。

声音花园以及其中的设备可以制作成不同的规模和只需要非常有限的预算。如果我们正在考虑为户外区域购买新设备，那么应该考虑如何让孩子们参与进来，并请他们一起来承担这样一个项目。

案例研究7.1 声音花园项目中的拓展性思维

威尔（Will）、麦克斯（Max）和弗雷迪（Freddie）正在建造声音花园，他们需要一根长木条来挂一些平底锅的盖子。

三个男孩在木条上用铅笔做了一个记号，保证其可以架在立柱之间。他们把要切割的木条抬到工作台上，用台钳把它牢牢地拧紧。他们很快意识到要进行锯切工作是有困难的，因为有铅笔记号的位置被夹进了台钳。

麦克斯："（这个情况下）我们将会切入工作台！"

老师："啊，那我们接下来有什么选择呢？"

孩子们两手插在口袋里，全神贯注地思考着问题。过了一段时间，威尔提出了一个建议："我们为什么不在这里切呢？"（表示尽可能靠近铅笔记号，但仍有一段距离）

麦克斯："不，那不行，这样柱子太长了！"

老师："好吧，让我们考虑一下，看看能不能想出别的办法。"

孩子们又安静了几分钟，一边观察一边思考，然后进行了更多的讨论，诸如找一个不同的工作台、把木条切割成块（再把它们接起来）……最后，弗雷迪脸上终于露出了笑容。

弗雷迪："我们得把它拿出来，移一下试试看。"

威尔："是的！我们试试看。"

他们松开台钳，把木条往外移动了一段距离，然后再次拧紧。

威尔："是的，现在锯子可以够到铅笔记号了。"（不会锯到工作台）

老师："太好了，你们通过努力思考想出了不同的主意，找到了解决办法！做得真好！"

然后，他们轮流参与，锯断了厚厚的木条。接着，麦克斯把台钳松开，他们一起把锯好的木条背起来，自豪地穿过操场，大摇大摆地走回声音花园区域。

木条装饰画（Wooden frieze）

这是一个为当地医院装饰墙面的项目，因为大多数孩子就出生在这里。这个医院有一个传统，就是将艺术作品融入建筑来提升病人的幸福感。医院咨询我们是否可以为他们创作一件艺术品，这对我们来说是一个为社区创作永久作品的好机会，重要的是表明孩子们的一些东西可以为社会作出贡献，他们应该受到重视和尊重。于是，我们接下了这个项目。

一开始，我们就讨论能为医院做点什么。孩子们都渴望创作一幅木头画，希望明亮多彩的画面能给病人带去快乐。我们先用松木和胶合板制作面板，然后孩子们将许多木材边角料拼接在一起，创作出美妙的木条装饰画。他们运用锯、锤击、钻孔、拧螺丝等木工技能，用心地把各种不同的木块、木板添加到作品中。面板完全被不同大小和形态的木块、木板覆盖后，我们选用自己喜欢且适合的颜色对它进行了美化。然后，我们又在上面增加了一些木块、木片，也涂上了颜色。

最后，我为整个作品涂上清漆，用来长久保护画面。我们雇了一辆小车，把这幅木条装饰画送到了医院。孩子们也参与了作品安装工作。整个创作的过程中，我们配备了一个信息组，记录孩子们在这个项目上的工作；作品挂上墙之后，当地媒体也进行了报道。

这幅木条装饰画五颜六色、振奋精神，十分引人注目，受到了医院的高度赞赏。有许多人说，这件充满活力的作品是他们最喜欢的艺术品。医院刚刚重建，这件作品现在在新入口大厅占据了一席之地。在类似的项目中，我们还向当地的卫生中心、图书馆和公共空间贡献了我们的艺术作品。

造房子（House）

造房子项目源于孩子们在户外有一个游戏屋的愿望。我们决定让孩子们尽可能多地参与设计和制作他们自己的游戏屋，而不是买一个。这是一个持续六个月的长期项目，我们觉得孩子们有能力设计和建造游戏屋，整个过程可以进一步发展他们的技能并开辟新的学习领域。

在看了许多木屋的例子并进行讨论之后，孩子们成了在不同媒介上探索设计的建筑师。他们通过做标记，分别用叠叠乐①积木、乐高积木、大木块、硬纸板，还有棒棒糖、胶水和纸搭建房子模型，来探索房子的结构与功能。许多想法都是在这个搭建的过程中产生的，包括房子需要有一个烟囱。接下来，孩子们需要用巴沙木制作一个小样板房，来探索建筑理念和研究不同的连接方式。很多想法在设计的过程中不断发展，当然，其中还有许多需要解决的问题。

该项目包含了许多其他的探究途径。因为要使用滑轮把屋顶板运到房顶，我们开了几次会议研究滑轮安装与使用的问题。用滑轮把屋顶板吊起来是一次很棒的小组合作，孩子们也被能轻易吊起重物的滑轮迷住了。

作为项目探索的一部分，我们研究了建筑，着重了解了连接和建构的方法，考虑如何才能把游戏屋建造得坚固耐用。我们在很多方面进行了探索，比如，用软木和纸板制造了许多塔，认真地探讨如何才能构建出坚固的框架结构。孩子们有的用块状木头堆砌木屋，有的用硬纸板糊成纸

板房，有的则用螺栓木建造屋子。木头被钉子和螺丝以各种不同的方式连接起来。

在完成喜爱的设计与施工方案后，我们开始建造游戏屋。先是标出建筑区域，然后用木头搭了一个简易框架，把木板固定在框架上面形成墙壁，最后装上屋顶板。其间，有无穷无尽地进行计算与探索形状、空间和测量的机会，当然解决问题的机会也很多。

在整个过程中，孩子们始终保持投入与专注。游戏屋一建成，立刻就变成了咖啡馆、加油站、医院、消防站等，它的用途随着孩子们的兴趣的变化而变化。

---

① 叠叠乐是一种新的益智类游戏，属于2人或2人以上玩的趣味游戏。

案例研究7.2 造房子项目中的问题解决

在搭完框架之后，我们准备开始连接半圆形的木板来做房子的墙面。

孩子："现在我们需要做墙面！"

老师："你觉得这些东西可以用来做墙面吗？"

孩子："是的！它们会非常坚固的。"

一小群孩子拿起长长的木板，试着把它挪动到位。

孩子："太长了。"

老师："我想知道我们有没有办法解决这个问题？"

孩子："当然要用锯子锯掉一些！"

老师："我们就不能把房子弄大一点吗？"

孩子："不，那我们就得把所有东西都撤下来。"

老师："是的，那会增加很多额外的工作量，所以我想知道我们怎么才能使得栏杆尺寸合适。"

孩子："用卷尺。"

孩子们测量长度，用白板笔在卷尺上做记号。然后，他们把卷尺放在木板上，并标记要锯的地方。他们一起小心地把木板抬起来，放到台钳里夹紧。由于木板很厚，孩子们轮流锯，但锯到一半就卡住了——小型日式夹背锯不能进行深切，他们很快意识到需要更大的锯子……当木头被锯断后掉下来时，切口有点裂开了，上面有一些锋利的碎片。

老师："我觉得锋利的部分可能有点危险，我们有什么好方法把它们去掉？"

在又一轮讨论后，孩子们先用锯子修边，再用锉刀摩擦边缘，最终把锋利的碎片都去除了。接着，他们一起把锯好的木板运到造房子的区域，开始做墙面。然而，要把木板运送到指定位置，这需要相当多的协调和讨论。

孩子："不，绕错了路。""我们得把它带到外面，然后再回来。""那更好……哦，它仍然太长了……它还不适合！"

老师："我想知道我们能有什么办法来解决这个新问题？"

孩子："我们得把这一点锯掉。"

老师："听起来是个好主意。我想知道如果木板太短的话，我们能怎么办？"

孩子："我们可以加一点。""我们可以把柱子移开一点。""我们可以把柱子之间的距离变大。""我们可以换一块新的木板。"

老师："你们有很多好主意。有一句话是'量两次，锯一次'。"

孩子："那也太傻了吧。"

老师："我想这是说，测量两次可以帮助我们再次确认容易出错的地方，然后我们就不需要再锯一次了。有很多谚语能帮助我们给出建议，比如'不要在小鸡孵出前数鸡'。"

在这个阶段，我们花了很长的时间谈论鸡蛋和鸡的话题，毕竟造房子是一个很慢的过程！

老师："我们再量一次好吗？"

孩子们继续测量并做记号。

老师："那么，现在让我们量第二次。"

孩子们重新量了一遍，标记线现在在同一个地方。接着，他们又开始锯木板。然后，他们把木板调转方向，直到它被准确安放。

孩子（高兴地喊着）："它终于对了！"

老师："我想知道用什么方法固定最好呢？"

孩子："透明胶带。""胶棒。"……

然后是更多的关于不同想法的讨论和测试……

孩子："不，我们现在需要用锤子和钉子把它固定。"

老师："我想知道用哪种钉子最好？"

孩子："这个长的。"……

孩子们开始用锤子敲打钉子。

当孩子们继续在以前的学习基础上修建这面墙时，特别是在成功地安装了几块木板之后，他们变得这么有能力、这么有自信，简直不可思议！

解构①（Deconstruction）

解构是一种关于探索的练习。孩子们喜欢借助于已掌握的工具运用技能来解构物品，他们好奇于物品里面藏着什么东西，对了解物品是如何工作的也十分着迷。他们十分喜欢侦探这个角色，在整个调查的过程中，他们的知识与技能也在不断拓展。

解构主义加深了孩子们对事物的形成的理解。当孩子们把一个设备分解成部件时，就可以了解每一个部件的特征与作用。他们会发现它们是如何组装的，从而逐渐形成关于物品如何制造的知识、发现各个元素之间是如何相互作用的。在这个过程中，他们有机会考虑每个部件的用途以及实现设备功能的复杂性（有关解构主义的更多信息，请参阅第三章）。

解构可以从收集旧设备开始，比如，自行车、三轮车、搅拌器、手钻，以及一些机械衡器、机械钟、旧幻灯机等。但拆卸某些电器和电子设备时，存在一些潜在的危险。这里有些常识性的

---

① 解构本是文学评论用语，指找出文本中的自身逻辑矛盾或自我拆解因素，从而摧毁文本在人们心目中的传统建构。译者注。

　　建议，比如拆卸电器时要把插头拔下来。但也有一些不太为人所知的潜在的危险，如应该避免使用有存储电荷的大型电容器，像微波炉等许多家用电器中都有存储电荷。目前，关于拆卸电子设备时可能接触到有毒元素的问题还存在着争议。我建议要避免拆卸有电路板的物品，如电视机、电脑等，因为会有接触到有毒元素的潜在危险。我比较坚持使用较老的基础电气设备或机械设备，但也有人说接触电路板后认真洗手就可以了。但只要有所顾虑，就尽量避免接触电器，可多接触一些机械设备。

　　为了方便孩子们的工作，可能需要另外购买一套螺丝刀，以匹配许多小工具和器具上的类型多样、尺寸各异的螺丝。我发现有一种小型短柄螺丝刀可以更换不同的刀头，甚至可以找一个棘轮螺丝刀[①]（有些棘轮螺丝刀也能更换不同的刀头），这些工具将会帮助孩子们更好地展开拆卸工作。

　　当孩子们全神贯注地解构这些装置时，会着迷于自己发现的装置内部的东西。当他们拆解和调查里面的不同部分时，注意力会高度集中。随着孩子们调查的深入，每个人感兴趣的东西会有

_____

① 棘轮螺丝刀一般有两类，一类不能更换刀头，一类可以更换不同的刀头。译者注。

一些变化，他们学习方向的发展也越来越个别化。有的可能专注于物体被吸附在磁铁上的方式，有的可能对齿轮相互旋转的方式感兴趣，也有的可能关注车轮在车轴上转动的方式。

通过解构进行的调查总是能激发孩子们的好奇心，他们同时充满了疑问，比如，"电线是用来做什么的？"这可能会引向创建一个简单的电路，来进一步探索它。当我们用一个小灯泡做了一个电路后，有可能会拓展到造一个灯塔。灯塔又引发孩子们去造一艘木船，最后联想到海洋。这个过程中会有很多头脑风暴的机会，也会引发孩子们的很多有意义的叙事。

为了进一步拓展这个项目，孩子们还可以用解构的部分来重构。这是非常后现代的，它们可能会变成一个机器人、一个雕塑，也可能会变成一部手机。事实上，随着孩子们设计能力的发展，当他们尝试把各个部件与木质结构结合起来进行创造的时候，他们的想象力便得到了真正的发挥。

泥巴厨房（Mud kitchen）

泥巴厨房项目是从孩子们对如何改善他们的户外环境的想法发展而来的，增加一个泥巴厨房是他们的选择之一。我们把寻找不同泥巴厨房的图片作为收集设计思想的一种方式，并以此作为项目的起点。同时，请父母和孩子捐赠一些家里不再需要的厨房用品。

孩子们有机会再一次充分参与到设计和规划项目以及大部分的建构过程中，如要锯一段起支撑结构的作用的木头。孩子们轮流用锯子把厚厚的木头锯开，再用螺栓将木头连接在一起等。在项目推进的过程中，他们可以开始运用掌握的木工技能添加一些金属耗材。添加螺丝使用螺丝

刀，添加螺栓则使用扳手。

使用孩子们自己的设计，可以确保泥巴厨房有吸引力、具备他们喜欢的元素。泥巴厨房里有陶盆、锅、水槽和碗的奇妙组合，还依据孩子们的建议增加了一些基本的桌椅，这些是对泥巴厨房的很好的补充。我们还积极鼓励他们进行角色扮演，把泥巴厨房用起来。整个项目推进的过程中，很少发现有哪个孩子不想到泥巴厨房里玩耍。

为了给孩子们更多的思考空间与动手机会，我们决定把水源保持在和泥巴厨房有一定距离的地方。这样孩子们就可以使用各种方法将水输送到泥土中，比如，用杯子、水壶或者用一段排水管做成一条"小溪"，把水引过去……

以下是我们开展的其他长期项目的部分例子：

□稻草人；

□吉他或其他弦乐器；

□机器人；

□乐器：鼓、拨浪鼓等；

□船；

□加油站；

□风车；

□精油扩香木片；

□卡丁车；

□螺栓雕塑；

□友谊长椅；

□故事宝座；

□昆虫酒店；

□小鸟喂食器；

□轮子：探索运输和轮子滚动的主题；

□做高跷；

□做风筝；

□制作鼓和鼓棒；

□制作交通标志；

□带橡皮筋的钉子板[①]；

□用钉子创作图案；

□火箭；

□桥梁；

□信箱；

---

① 钉子板是一种多功能学具，从简单的数数、分类、识图到复杂的统计、加减法的进退位计算的联系，都可以通过钉子板及其配套组建来实现。译者注。

□水车；

□旗子；

□气象站；

□为戏剧表演制作道具，如婴儿床。

环境中任何需要维修的东西都可以成为一个有趣的真实项目，因为它能为孩子们运用他们的木工技能和解决问题的能力来规划方案以及展开修理工作而创造条件。

> 木头太大了，我们不得不轮流用锯子切割，我们一直都坚持。然后我们用钻头打了个洞，又用大钉子把它固定好了。
>
> 哈桑（Hassan），4岁

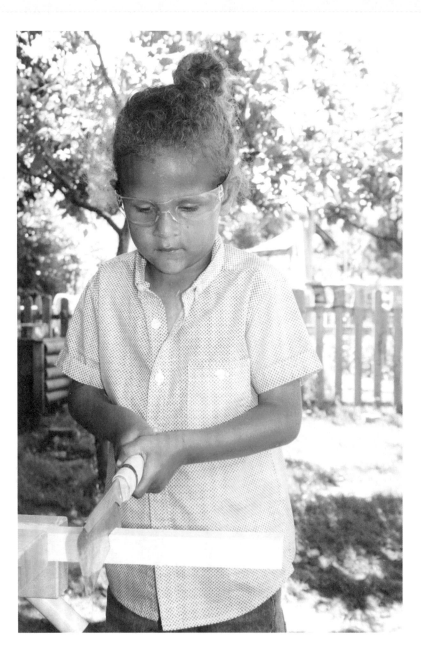

第八章　健康与安全

> 风险是生活中的一部分。在孩子们发展的现阶段，我们有责任在一个受控环境中支持他们的冒险。
>
> 利兹·詹金斯

章节概述

本章探讨我们需要做些什么来保证孩子们在木工活动中的安全。我将从风险本身与幼儿在受控环境中学习风险管理的重要性开始阐述。我解释了完成风险评估的重要性，并提供了一份健康与安全措施的清单，以确保木工活动是一项安全、低风险的活动。本章最后强调了教师培训的重要性，以确保监督木工区的所有教师对木工工具的使用充满信心，也能了解如何支持和鼓励儿童以及知道如何确保安全措施始终到位。

了解风险
健康与安全检核表
急救
教师培训

了解风险（Understanding risk）

> 如果你想要保护孩子们的安全，你必须为他们提供一个能让他们得到需要的刺激的地方；必须有他们可以攀爬的树，以及他们能安全地获得冒险体验和渴望的挑战感的方法。
>
> 苏珊·艾萨克斯（Susan Isaacs），1937

木工与风险（Woodwork and risk）

对于木工活动，人们常常会关注其可能发生的伤害风险。许多成年人认为木工是一种高风险活动，有很高的重伤概率，但这与现实相去甚远。事实上，如果引入与建立正确的监督机制，木工活动应该是一种低风险活动。当然，有时也会有一些小的伤害，比如，手指被敲到、手被割伤等，但肯定不会比在操场上受到的伤害更多。在近15年使用锯子的经历中，我们有两个孩子的手被锯子拉了个小伤口，这样的伤口只需要贴一个创可贴就可以了。不能因为这种低受伤风险而拒绝参与木工活动。孩子们有保护自己的意识与能力，知道有些行为会伤到自己，让自己的手指远离潜在的风险是他们天生的潜意识反应。当我们把孩子们带进木工区，开始工作的时候，他们往往会对被信任作出真实的反应，并能负责任地使用真实的工具。事实证明，当他们感受到被赋予权利和价值的时候，会竭力做好一系列工作。

风险管理（Managing risk）

　　木工活动为孩子们提供了宝贵的机会，让他们了解如何在受控环境中作出判断、避免危害和管理风险，这是他们的发展的关键部分。我们不能完全消除风险，也不愿意完全消除风险，因为风险本身就是生活的一部分。生活充满了风险和挑战，我们需要让孩子们做好准备，让他们在安全的环境中承担风险。如果我们不让孩子们暴露在风险中，他们就无法学习如何评估自己所面对的风险，反而有可能丧生于事故。孩子们自然会被挑战他们且包含一定风险的活动所吸引，这些活动往往又是孩子们最喜欢的，能从中学到很多东西。挑战是发展过程中不可或缺的部分，木工活动提供了一种教孩子们去认真对待有风险的事物的方法，并强调他们在某些情况下需要学会自我照顾。

　　在木工活动中，孩子们的协调性、动作技能与敏捷性得到很好的发展，再加上对因果关系的日益了解，他们的自制力也会变得更加强大，受伤的可能性会大大减少。

诉讼和立法（Litigation and legislation）

　　20世纪八九十年代，英国许多学校的木工活动都受到了"过于热心"的健康与安全政策的影响。当时人们的感觉就是健康与安全应该是至高无上的，但这是以牺牲机会为代价的，也不考虑经历风险的益处有什么。日益增长的诉讼和赔偿文化极其严重地加深了这种规避风险的气氛。

　　健康与安全法案本身基本上是围绕预防死亡、重伤和重疾而制定的。很明显，许多引证、解释被误导了，结果就是孩子们毫无必要地失去了获得宝贵的经验的机会。

　　幸运的是，现在形势正在发生变化。这种变化始于扬勋爵主持的涉及行业与教育的健康与安全审查。2010年10月，审查的建议报告《共同常识，共同安全》被英国政府立即采纳。报告在教育环境方面的重点是鼓励儿童积极地接受风险，而不是限制他们可获得的宝贵机会。

这种不成比例的做法（涉及健康和安全）对英国的教育产生了负面影响，并减少了儿童在受控环境中体验风险的机会。

《共同常识，共同安全》

杨勋爵说："我认为，在儿童游戏方面，我们应该从风险评估系统转向风险效益评估系统。我们要对潜在的积极影响与潜在的风险进行权衡。"报告还强调了让孩子们体验风险的重要性，因为这对儿童的发展至关重要。我们不应该因过度热心的健康与安全政策和不成比例的风险评估而牺牲孩子们体验风险的机会。

2012年，健康与安全执行局（Health and Safety Executive，HSE）发布了一份包含类似建议的报告；紧接着，教育部于2013年发布了另一份报告（2014年更新）。

教育部向学校提出的健康与安全建议的要点（2014年2月）如下。

孩子们应该体验各种各样的活动。健康与安全措施应该保障他们安全地做到这一点，而不是阻止他们。

孩子们必须学会理解与管理生活中正常的风险。

在评估与管理任何活动的风险时，我们都应该运用常识。遵循健康与安全流程的意识应始终与活动的风险成正比（风险越大，意识越高）。

教员应接受所需的培训，以便他们能够保护自己和儿童的安全，并有效地进行风险管理。

健康与安全执行局提供了以下指导：

健康与安全的法律条例有时会被作为一个理由，用来解释儿童和青少年为什么不应该从事某些游戏和休闲活动。造成这种误解的原因是多方面的，其中包括对可能产生的民事诉讼或刑事诉讼的恐惧，因为即使最微不足道的风险也是没法完全消除的。人们可能会对所涉及的大量文案工作感到沮丧，并对需要做些什么来控制重大风险产生误解。

本声明的目的是给出明确的信息，以消除这些误解。在这份声明中，HSE明确表示，作为一个监管机构，它认识到允许所有年龄的和有能力的儿童与青少年参与挑战性的游戏所带来的好处。

健康与安全执行局完全支持在各种环境中为所有儿童提供游戏机会。这意味着儿童将经常暴露在游戏环境中。虽然这些环境管理得当，但也会存在一定程度的风险，有时甚至会带来潜在的危险。

不当的健康与安全理念会造成缺乏挑战性的毫无风险的游戏环境，进而阻碍儿童扩大学习和发展能力。健康与安全执行局希望可以确保这种情况不会出现。

健康与安全执行局的关键信息是：

> 游戏对儿童的健康和发展很有好处。当计划和提供游戏机会时，目标不是消除风险，而是权衡风险与收益之间的关系。如果被过度保护，孩子们就不会知道风险。

发展对儿童风险的了解（Developing understanding of risk in children）

重要的是，孩子们必须了解所遵守的规则与行为边界的背景及其意义，这会帮助他们强化要承担个人和集体的安全责任的意识。向孩子们传授"风险"的概念将有助于他们在面对风险时有能力作出自己的决定，以便他们能够识别危险并在各种情况下作出合理判断。

健康与安全执行局和资格认证与课程质量管理局进行了合作，为应该如何与正在上设计与技术课程的中小学生讨论风险提供指导。显然，这样的指导需要为早期儿童作些具体的调整，但其中的基本原则是相通的，即花时间来讨论风险、健康和安全规则是我们的责任。

针对中小学设计与技术课程的开展，健康与安全执行局和资格认证与课程质量管理局在联合声明中指出：

> 在实践活动与不同环境（包括不熟悉的环境）中使用工具、设备和材料时，我们应教导学生：
> □关于危险①、风险②和风险控制方面的知识。
> □识别危险，评估后续风险，并采取措施控制自己和他人所面对的风险。
> □利用信息评估当前和累积的风险。
> □管理好自己的环境，确保自己和他人的健康与安全。
> □解释自己为控制风险所采取的步骤。

它们继续强调学习风险的好处：

> 向学生们传授"风险"的概念将有助于他们在面对风险时有能力作出自己的决定，以便他们能够：
> □认识到各种情况下存在的危险、风险和不确定性。
> □评估自己和他人处理不同情况的能力。
> □评估、处理自己或他人面对的危险的后果（如在学校里、外部环境中、家里）。
> □寻求合理来源的建议，以尽量减少和管理风险。

---

① 危险是普遍客观存在的。

② 风险是未来结果的不确定性，它可以控制，但当不控制而任由它发展的时候，它就有可能变成危险。

□了解风险评估遵循的规章制度，有助于确定个人和集体责任（的边界）。

降低风险的安全措施在下文中有进一步论述，在介绍工具与设备的章节中也有详细说明。

减少木工作业风险（Reducing risk in woodwork）

尽管让孩子们接触到包含风险因素的机会是有益的，但我们还是需要采取措施尽可能减少风险，来确保木工活动处于低风险水平，为孩子们提供一项安全的活动。我们需要遵循健康与安全准则来完成风险评估，然后制订降低受伤可能性的控制措施来减少风险。有经验的教师也是减少风险的重要因素，因此建议教员们都要接受基本的木工培训，以便大家能熟悉工具的使用，并了解如何介绍安全地开展木工活动。

家长的担忧（Parents' concerns）

家长们可能会担心孩子们使用工具的风险，却对其中的诸多好处知之甚少。在家长会上或通过一份强调已落实安全措施的简报与家长们讨论木工，将有助于他们理解木工是安全的并消除他们的疑虑，也为他们提供了一个更好地了解学习和发展的相关好处的机会。

攻击性行为（Aggressive behaviour）

老师们偶尔会对孩子们使用木工工具时潜在的攻击性行为表示担忧。当然，这是可能的，就像使用其他工具，如木块、铲子、叉子、订书机或铅笔等时一样。在我的经验中，孩子们的行为在木工领域是例外的。我认为这在很大程度上是因为孩子们能胜任木工工作，更重要的是他们被授予了高度自主权，也深深地投入其中。当孩子们感到有能力和快乐的时候，他们很少互相争吵、打闹。当然，我们还是必须保持警惕，绝不能容忍任何不良行为。如有必要，应请孩子们暂时离开木工区，直到他们能够合理地管理自己的行为为止。了解孩子显然很重要，行为不可控的孩子需要更密切的监督，甚至实施1:1比例的监督。

延伸阅读（Further reading）

蒂姆·吉尔（Tim Gill）的《不要害怕》（*No Fear*）一书对于进一步了解风险是很有启发性的。吉尔一直是倡导儿童冒险游戏的先驱，在该书中有关于风险与机遇问题的极好的见解。"玩乐英格兰"组织（Play England）①还为我们提供了一个有用的资源，即游戏供给中风险管理（Managing Risk in Play Provision）。

风险评估（Risk assessment）

我们所说的风险是指潜在的危险造成伤害的可能性，风险评估是一个评估风险可能性、潜在伤害程度以及研究可以采取哪些控制措施来降低风险的过程。

关键术语

□危险是指任何可能造成伤害的东西。

---

① 英国一个致力于保障儿童的游戏权利的组织。

□风险是指某个人受到危险伤害的可能性，无论是高还是低。

□风险控制包括采取措施减少造成危害的可能性或减轻其造成的后果。

□风险评估指某事件或事物带来的影响或损失的可能程度，并裁定预防措施是否充分或是否应采取更多的措施。

对专门为您和孩子们量身打造的木工供给（包括环境与材料）进行风险评估是十分必要的，这往往也是地方政府部门的要求。

风险评估需要评估所有潜在的风险。首先，要对其发生的可能性和潜在伤害程度进行评分；其次，要列出控制措施，并说明可以采取哪些预防措施来减少伤害的可能性；最后，再次对风险等级进行评分，以反映控制措施的有效性。

风险评估有时也被称为风险—效益评估，这是为了强调潜在风险被收益超过的状态。就木工活动而言，给孩子的发展机会总是远远大于可能存在的风险。在第三章中讨论的学习与发展的好处可以同风险评估部分结合起来，以创建风险—收益档案。但这可能变得相当冗长，所以我相信风险评估就足够了。

下面我给出了一个风险评估的示例，需要提醒的是，您要根据自身环境创建自己的风险评估。风险评估必须由所有参与和审查的教员定期阅读，而不仅仅是归档。我建议将它贴在木工区的墙上。

风险评估应包含以下特征：

□存在什么风险？

□潜在危险是什么？

□潜在伤害的等级是什么？（低/中/高）

□采取了哪些预防措施来消除风险或者降低风险发生的可能性？

□风险的发生概率有多大？（低/中/高）

□总体风险评级如何？（低/中/高）

风险评估需要考虑的要素如下。

▶木工区；

▶木工工作台；

▶夹钳、台钳；

▶工具的滥用；

▶具有挑战性行为的儿童；

▶眼睛保护；

▶有毒物质；

▶木材；

▶锤击；

▶锯切；

▶携带工具；

▶钉子和螺丝；

▶木屑；

▶重物；

▶碎片。

根据评估调整你的木工环境

评估日期：　　　　年　　月　　日　　　　　　评估人：

评估项目	可能存在的危险	伤害的可接受等级	采取降低受伤风险的预防措施	仍有发生危险的可能性	风险等级
木工区	碰撞、绊倒	中等	✓由工作人员随时进行近距离监督。 ✓将木工区设置在人流较少的区域，远离干扰。 ✓确保地面上没有可能导致绊倒的障碍物。 ✓如果地方小，必须限制进入木工区的孩子的人数。	低	低
碎片	感染	低/高	✓避免使用易碎的木材。 ✓教员需要在孩子们使用木材之前打磨很粗糙的木材边缘或棱角。 ✓孩子们可以先打磨木材粗糙的边缘，也可以在锯完后再打磨。 ✓在合理的情况下，应由急救人员立即取出碎片，还应及时通知家长，寻求医疗救助并监测可能感染的部位。	低	低
眼睛保护	反弹的钉子、碎片对眼睛的伤害	高	✓必须始终佩戴安全眼镜（已经戴了眼镜的孩子就不用了）。 ✓粉尘过多时，需要佩戴护目镜。	低	低
木工服	普通伤害	低	✓确保孩子穿着合身的工作服，活动自如。比如，需要摘下手套与围巾以保证协调工作，还需要穿上鞋子。	低	低

---

① 监督比例是指在孩子们进行木工活动时，在某个特定场合或者使用某个特定工具期间，成人（监督者）与孩子（被监督者）的人数比例。

评估项目	可能存在的危险	伤害的可接受等级	采取降低受伤风险的预防措施	仍有发生危险的可能性	风险等级
木材选择	有害物质	低	✓不使用涂有油漆与经过化学处理的木材。如果不能确定，应避免使用。	低	低
普通工具	碰撞	低	✓拿着工具行走时要将其贴着身侧，不能跑。 ✓明确安全使用说明（一般情况下，监督比例①为1:3；使用钉子、起钉器时，监督比例为1:1）。	低	低
锤子	对手指或头部的碰撞	中等	✓要介绍如何安全地使用锤子。 ✓要清晰地解释潜在的危险。 ✓在用力锤击前，要把另一只手拿开。 ✓在起始阶段，监督比例为1:3，以保证对孩子使用锤子进行有效监督。 ✓排除可能影响孩子锤击的干扰因素。	低	低
锯子	割伤，对别的孩子造成伤害	中等	✓介绍锯子的使用方法时，全程按1:1配备成人监督。 ✓禁止孩子在锯切区边上观看，必须有教师站在这个区域，以防止其他孩子进入。 ✓使用日式锯时，要用两只手握住锯柄；使用欧式锯时，要用一只手握住锯柄，另一只手要扶在木工长凳上，远离锯切位置。 ✓锯木头时一定要用台钳夹紧；在开始锯之前，教师要检查木头是否已经夹紧。	低	低
手钻、曲柄钻、钻头	伤害到身体	低	✓钻孔之前，一定要确保材料已经被G字夹或台钳夹紧。	低	低
粉尘	吸入或进入眼睛	低	✓如果需要打磨或锯切的材料多，建议到户外完成。 ✓粉尘多的时候，需要戴上安全眼镜；粉尘严重时，要佩戴防尘口罩。 ✓不要让孩子锯切中密度纤维板。	低	低
钉子、螺丝	刺破皮肤或吞食	低	✓任何凸起的钉子都必须被移除或敲进木头里面。 ✓在活动结束时，掉落在地板（地面）上的所有钉子或螺丝都必须收集起来并归位。 ✓禁止把钉子或螺丝放进嘴里。许多建筑工人都会这样做，但不要模仿。	低	低

评估项目	可能存在的危险	伤害的可接受等级	采取降低受伤风险的预防措施	仍有发生危险的可能性	风险等级
其他工具：可调扳手、不可调扳手、螺丝刀、手锥、起钉器	撞伤、割伤、擦伤等	中等	✓使用新工具前要给予明确指导，以确保安全。 ✓必须强调这是工具，而不是玩具。 ✓在开始使用阶段，监督比例为1:3。 ✓起钉器是依据杠杆原理工作的，监督比例为1:1。	低	低
胶合板	碎片	中等	✓谨慎使用胶合板。年幼的孩子使用胶合板有难度，而且胶合板很容易产生碎片。	低	低
硬木	伤害	中等	✓避免使用硬木。因为太硬，不适合孩子操作，锤击钉子时增加了钉子反弹的风险。	低	低
中密度纤维板	粉尘	中等	✓谨慎使用中密度纤维板。 ✓不要在学校里切割中密度纤维板，因为产生的粉尘的刺激程度过高。 ✓中密度纤维板硬度高，进行拼接前需要先钻孔。	低	低
电动螺丝刀	手指受伤	低	✓明确安全使用说明，并在教员的严密监督下使用。 ✓消除干扰。 ✓要在夹紧材料后才能使用电动螺丝刀。	低	低
SEN儿童①	普通伤害	中等	✓如有必要，监督比例为1:1。	低	低
急救反应	延误处置或治疗	低	✓知道急救箱与指定急救人员的位置。	低	低

健康与安全检核表（Health and safety checklist）

确保监督木工区的所有教员都阅读过以下内容。

个人防护（Personal protection）

□安全眼镜：任何时候都要戴安全眼镜来保护眼睛，让孩子们学习安全文化并照顾好自己是一个重要的教育内容，孩子们戴安全眼镜比戴笨重的护目镜舒服得多，成人也要戴安全眼镜。

□近距离观看的孩子和成人也要戴安全眼镜。

□在木工区工作时需要穿鞋子。

□如果需要较多的打磨工序，应佩戴防尘口罩。

---

① 指特殊教育需要（special educational needs）儿童。

监督（Supervision）

□确保所有孩子得到正确使用工具的专业指导。提醒孩子们工具不是玩具、应被正确使用，必须注意工具的锐边与尖头。教员可以保存一份清单，在上面列出谁学会了使用哪种工具。

□介绍安全使用工具的初始阶段，监督比例为1:3。

□孩子们必须时刻受到监督，并且最初的监督要更加密集。当孩子们有信心使用工具时，可以放宽监督比例，但锯切的监督比例仍需维持在1:1。工作人员应始终在附近监督木工区。

□注意那些有额外需求的孩子。有些孩子需要额外的支持，可能在任何时候都要有1:1的监督比例。

□避免附近区域的干扰，提醒孩子们在使用工具时要专注于自己的工作。

空间（Area）

□保持楼层整洁，大多数事故都是由绊倒或者跌倒所引起的。

□限定工作台上孩子的人数，避免孩子们在工作时贴得太近，留出足够的空间，以免误伤他人。

□将工作台放置在受保护的空间内，以尽量减少通行和其他方面的干扰。

工具（Tools）

锯子（Saw）

□禁止孩子在锯切区边上观看，必须有教员站在这个区域，以防止其他孩子进入。

□使用日式锯时，要用两只手握住锯柄；使用欧式锯时，要用一只手握住锯柄，另一只手要扶在木工长凳上，远离锯切位置。

□使用锯子后，立即放置在孩子们够不到的地方。

□锯木头时一定要用台钳夹紧，教员需时刻确保其处于夹紧的状态。

锤子（Hammer）

□在敲硬质木头时，孩子们要考虑好所需使用的力量。先捏住钉子轻轻敲，在确保钉子能够立住后，挪开手指，用力锤击。

其他工具（Other tools）

□确保孩子携带工具行走时将其贴着身侧，不能拿着工具跑。

□使用台钳、夹子和钳子时要小心，避免手指被夹住。确保手指远离工具夹紧的区域。台钳不使用时要关闭。

□起钉器对撬出钉子很有帮助，但在使用时要特别小心。在孩子使用起钉器时，监督比例应为1:1，以确保他们能以杠杆原理使用，不会因向上猛拉的惯性而伤害到自己。

□定期检查工具，以确保其在磨损时能得到良好的修理或更换，比如修理头部松动的锤子、更换变钝的锯片、钻头等。

□保持工具摆放整洁，使用后送回原来的位置，不得带离木工区。

　　□由于电钻具有高转速和大扭矩的特点，应避免让孩子们使用。孩子们很容易失去对它的控制，衣服或头发也可能被卡住。

安全提示（Caution）

　　□在孩子们把作品带回家之前，教员要从作品上拆下凸起的钉子或作必要的安全处理。

　　□不要吹锯末，因为它很可能会进入眼睛。

　　□木工区应尽可能保持无尘，必要时需清扫锯末。在粉尘浓度高时，有哮喘的孩子应戴防尘口罩。

　　□不要把钉子或螺丝放进嘴里。

木材（Wood）

　　□避免使用硬木。对年幼的孩子来讲，加工硬木是有难度的，而且在硬木上锤击钉子时钉子很容易反弹。

　　□避免使用用防腐剂处理过的木材。

　　□避免使用胶合板。用胶合板进行切割组合容易破裂，产生大量碎片。同时因为其硬度较高，加工会比较辛苦。

　　□谨慎使用中密度纤维板。不要在学校里切割中密度纤维板，因为产生的粉尘的刺激程度过高，而且中密度纤维板也相对较硬。

　　□检查木材是否有碎片，避免使用非常粗糙的易碎木，可以先用砂纸打磨粗糙的木材。木材锯切后如果边缘粗糙，可以进行打磨加工。如有可能，需要移除碎片。

注意：碎片可能是血液中毒的原因。

☐不要存放或提供任何表面有凸起的钉子的木材。

急救（First aid）

☐确保急救箱易获得，知道急救箱的位置与谁具有实施急救的资质。

这是一份全面的健康与安全清单，旨在为教员提供必要的指导。我们希望避免带给孩子们的规则过多，尽可能只关注对他们来讲最重要的规则，以支持成人可以确保健康与安全措施到位。

有关安全使用工具和安全眼镜的详细信息，请参阅前文的"工具"部分。

急救（First aid）

免责声明：急救措施各不相同，因此您必须熟悉当地的政策和当前的最佳做法。

使用工具时偶尔会有小伤，下面为木工活动最有可能出现的受伤情况。

瘀伤（Bruising）

把受伤部位静置在冷水里，并用冰袋冷敷。

碎片（Splinter）

急救人员用消毒过的镊子小心地取出碎片（如果碎片暴露在外且情况允许，当然也需要您能做这件事情）。清洁受伤部位，涂上抗菌药水，用创可贴或者医用胶布包扎。如果无法取出碎片，请通知家长，并建议对碎片滞留部位进行监测或寻求医疗照顾。此外，还需告诉家长，即使

碎片被清除，也应该对可能的感染进行监测。

血泡（Blood blister）

保持干燥，不要戳破它。

伤口（Cut）

急救人员需要清洗伤口，保持伤口抬高，加压止血。然后涂上抗菌剂，并用创可贴或者医用胶布包扎。如果伤口较深，需要寻求医生帮助。

总则（General）

急救治疗一般应由训练有素的儿科急救人员进行。但每个区域的治疗方法可能会有所不同，因此请确保您熟悉所在国家或地区的现行做法。

在任何情况下，都应书面通知家长所发生的事故。需要提醒家长应该监测伤口和碎片滞留的部位，以确保没有感染的迹象。特别需要关注碎片，因为它可能是血液中毒的原因。

教师培训（Staff training）

没有必要请一位木工专家来给孩子们开展木工课程，所有教师都可以变得更有能力和信心，来组织开展木工活动与做好相关的监督管理。许多教师对工具缺乏个人经验，因此在为孩子们介绍工具的使用时往往会感到不自信但通过基本的教师培训可以很容易地解决这一问题。

教师培训内容包括：

□与课程有关的木工知识、技能的学习与发展。

▶了解风险和安全方面的问题。

▶介绍最合适的木工工具，并说明如何最好地使用它们。

▶了解最合适的木材。

▶关于如何创设木工区的说明。

▶关于开展一般活动、开放式探索活动和长期项目的建议。

▶开展帮助参与者探索工具使用、获得信心并分享木工创作经验的实践课程。

开展实践课程的作用就是让教师

有机会真正熟悉所有木工工具、学会安全使用的具体方法。教师们可以获得创造性地使用木材的经验，并察觉到自身的问题解决能力的丰富潜力，这会让他们对孩子们参与木工活动的经历有深刻的体悟。

要想把木工活动成功引入教育环境中并让它成为其中不可或缺的部分，需要所有教师都了解木工并掌握一定的木工创作与指导技巧，且对木工活动充满信心，而不是仅仅依靠一两个老师。所以，我特别建议对整个教师团队进行木工培训。组织参观一个已经在开展木工活动的环境是有意义的培训方式，看到孩子们沉浸在木工活动中，既鼓舞人心又令人安心。

对木工活动来说，一个很大的问题是如何落实其持续进行的承诺。有时有些地方启动了木工活动，但由于种种原因，它被从日程中拿下，木工工作台上渐渐积满了灰尘。

为了把木工活动嵌入实践中和确保持续专业发展（Continuing Professional Development, CPD）培训所取得的积极成果，培训师提供一些持续的支持和后续课程将大有益处。对于一个经验不足的教师来说，在一次课程中可以获得大量信息。在此过程中，教员会不可避免地提出各类问题，这就需要培训师提供一些额外的支持。

这里，我为大家提供了一个完整的培训方案：

（1）培训课程1：早期儿童木工的理论与实践。

（2）培训师与教师们通过电子邮件交流，为他们提供持续的支持或建议。

（3）培训师在木工课程期间参观木工活动现场。

（4）培训课程2：分享案例研究，评估儿童木工经验，察看木工环境、区域的创设与木工材料的供给，回应教师们的需求与提问。

　　轮子转不动……它卡住了，所以我不得不把它拔出来。我使用了螺丝刀。瞧，现在它会转了！

拉菲（Roffi），4岁

第九章　结　语

> 我对自己在幼儿园的日子几乎没有什么清晰的记忆了，但还依稀记得那时最喜欢做的是很开心地把钉子钉入大小不一的木片。小时候所做的很多事情现在都消失在时间的迷雾中了，但这已经无关紧要了，重要的是这段在我的脑海里储存了30多年的经历和那种被允许使用真正的工具来创造某些东西的纯粹的不受约束的兴奋，历久弥新。
>
> 莎莉·阿什沃思

我们已经看到了真正的工具的使用如何为孩子们提供许多新经验，也提供了很多学习与发展的机会。

木工让孩子们成为创造者、雕塑家、修补工、工程师和建筑师。早期阶段很可能是他们在整个教育生涯中体验木工的唯一机会，但作为一种动觉体验，它已经嵌入了深刻的记忆当中。一旦孩子们学会了如何使用工具，经验就会成为他们生活的一部分。

在木工活动开始阶段，确实需要付出不小的努力，比如采购工具和木材。为了能让教员们充满信心，必须要有足够的精力来适宜地介绍木工与监督木工的开展。虽然有诸多辛苦，但非常值得。当一切准备就绪，你便不会再回头看，而会惊讶于孩子们参与的程度和探索的深度。

　　如果每个孩子都能有这样的经历，那可就太好了。作为一名实践者，我很高兴能看到孩子们如此专注于一项活动，能见证他们日益增长的自信心、面对挑战时的坚持和面对失败时的抗挫力。同时，我也很高兴能看到他们的创造力与解决问题能力的发展，还有他们对自己的成就油然而生的自豪感。这些都让我兴奋不已。

　　当孩子们用木头进行创作时，他们正在学习一些将使他们能够塑造自己的世界的技能。我们要为所有的孩子提供这样一个宝贵的机会。

参考书目

Anderson, Chris（2012）, *Makers：The New Industrial Revolution*, New York：Crown Business.

Arieti, Silvano（1976）, *Creativity：The Magic Synthesis*, New York：Basic Books.

Barter, S.（1892）, *Manual Instruction：Woodwork（The English Sloyd）*, London：Whittaker.

Brehony, Kevin J.（2000）, The kindergarten in England 1851–1918, in Roberta Wollons（ed.）*Kindergartens and Cultures：The Global Diffusion of an Idea*（pp. 59–86）, New Haven, CT：Yale University Press.

Bruce, Tina（2001）, *Learning Through Play*, London：Hodder Education.

Bruce, Tina（2004）, *Developing Learning in Early Childhood*, London：SAGE Publications.

Bruner, Jerome（1960）, *The Process of Education*, 2nd edn, Cambridge, MA：Harvard University Press.

Carson, Rachel（2017）, *The Sense of Wonder*, New York：Harper and Row.

Clapp, Edward P., Jessica Ross, Jennifer O. Ryan, and Shari Tishman（2016）, *Maker-centered Learning：Empowering Young People to Shape Their Worlds*, San Francisco, CA：Jossey-Bass.

Csikszentmihalyi, Mihaly（1990）, *Flow：The Psychology of Optimal Experience*, New York：Harper Perennial.

Csikszentmihalyi, Mihaly（1996）, *Creativity：Flow and the Psychology of Discovery and Invention*, New York：Harper Perennial.

Dweck, Carol（2006）, *Mindset：The New Psychology of Success*, New York：Random House.

Dweck, Carol（2012）, *Mindset：How You Can Fulfil Your Potential*, London：Constable & Robinson Limited.

Early Education（2012）, *Development Matters in the Early Years Foundation Stage（EYFS）*, London：Early Education.

Fisher, Julie（2016）, *Interacting or Interfering？Improving Interactions in the Early Years*, Maidenhead：McGraw Hill Publishing.

Fröbel, Friedrich（1826）, *Die Menschenerziehung* [On the education of man], Keilhau, Leipzig：Wienbrack.

Fröbel, Friedrich（1885）, *The Education of Man*, New York：A. Lovell & Company. Translated by Josephine Jarvis.

Fröbel, Friedrich（1887）, *The Education of Man*, New York, London：D. Appleton Century.

Translated by W. N. Hailmann.

Gandini, Lella, Lynn Hill, Louise Cadwell and Charles Schwall（eds）（2015）, *In the Spirit of the Studio：Learning from the Atelier of Reggio Emilia*, 2nd edn, New York：Teachers College Press.

Gill, Tim（2007）, *No Fear：Growing up in a Risk Averse Society*, London：Calouste Gulbenkian Foundation.

Harms, Thelma and Richard M. Clifford（2004）, *Early Childhood Environment Rating Scale (ECERS)*, New York：Teachers College Press.

Heerwart, E. （1884）, The kindergarten in relation to the various industrial products, in *The Health Exhibition Literature*, London：William Clowes.

Houk, Pamela, Lella Gandini and Loris Malaguzzi（1998）, *The Hundred Languages of Children：The Reggio Emilia Approach – Advanced Reflections*, Westport, CT：Ablex Publishing.

Hughes, Fergus P. （1991）, *Children, Play, and Development*, Thousand Oaks, CA：Sage.

Isaacs, Susan（1937）, *The Educational Value of the Nursery School*, London：Nursery School Association.

Judd, Joseph Henry（1906）, *'Learn by doing'：A Scheme of Simple Woodwork Designed on Froebelian Principles*, Manchester：Clarkson & Griffiths.

Kalb, Gustav（2009 [1895]）, *The First Lessons in Hand and Eye Training Or Manual Work for Boys and Girls*, Chicago, IL：W. M. Welch. Translated by W. G. Field.

Kuroyanagi, Tetsuko（1996）, *Totto-Chan：The Little Girl At The Window*：Tokyo：Kodansha International. Translated by Dorothy Britton.

Lawrence, Evelyn（2011）, *Friedrich Froebel and English Education*, Abingdon：Routledge.

Louis, Stella（2013）, *Schemas and the Characteristics of Effective Learning*, London：British Association for Early Childhood Education.

Louv, Richard（2010）, *Last Child in the Woods：Saving Our Children from Nature-Deficit Disorder*, London：Atlantic Books.

McLellan, Todd（2013）, *Things Come Apart*, London：Thames and Hudson.

McMillan, Margaret（1919）, *The Nursery School*, London：Dent.

Marenholtz-Bülow, Bertha von（1883）, *Hand-Work and Head-Work：Their Relation to One Another, and the Reform of Education, According to the Principles of Froebel*, London：Swan Sonnenschein. Translated by A. M. Christie.

May, Pamela（2006）, *Sound Beginnings：Learning and Development in the Early Years*, London：David Fulton Publishers.

Moorhouse, Pete（2015）, *Woodwork in The Early Years*, East Sussex：Community Playthings.

Piaget, Jean（1970）, *Piaget's theory. In P. Mussen（ed.）, Carmichael's Manual of Child Psychology*. New York：John Wiley & Sons.

Piaget，Jean（1973），*To Understand is to Invent：The Future of Education*，New York：Grossman Publishers.

Salomon，Otto（2010 [1891]），*The Theory of Educational Sloyd 1891*，New York：Nabu Press.

Salomon，Otto（2013 [1892]），*The Teacher's Hand-Book of Slöjd*，Wilmington：Toolemera Press.

Solly，Kathryn（2014），*Risk，Challenge and Adventure in the Early Years*，Abingdon：Routledge.

Thomas，AnnMarie（2014），*Making Makers：Kids，Tools，and the Future of Innovation*，Sebastopol，CA：Maker Media.

Tovey，Helen（2016），*Bringing the Froebel Approach to your Early Years Practice*，2nd edn，Abingdon：Routledge.

Vygotsky，Lev [1978（1930）]，*Mind in Society：The Development of Higher Psychological Processes*，Cambridge，MA：Harvard University Press.

White，Jan（2013），*Playing and Learning Outdoors*，2nd edn，Abingdon：Routledge.

报告和期刊文章

Ashworth，Sally（2014），Wonderful woodwork，*Early Years Educator*，16（5）（September）：v–vii.

Brehony，Kevin（1998），Even far distant Japan is showing interest in the English Froebel movement's turn to sloyd，*History of Education*，27（3）：279–295.

Chapman，Evelyn（1887），Slöjd，*Journal of Education*，IX（Feb.）：71–74.

Moorhouse，Pete（2012），Wonderful woodwork，*Early Years Educator*，13（11）（March）：viii–ix.

Moorhouse，Pete（2012），Introducing young children to working with wood，*Early Years Update*，97（April）：7–8.

Moorhouse，Pete（2012），All about woodwork，*Nursery World*，14–27（May）：17–22.

Moorhouse，Pete（2015），Woodwork in the early years，*Small Talk*，Wales PPA，10：13–17.

Turner，Camilla（2017），Information from Association of School and College Leaders（ASCL）and Design and Technology Association，*Telegraph Education*，March 2017.

Virta，Kalle，Mika Metsärinne and Manne Kallio（2013），Supporting craft sense in early education，*Techne Series：Research in Sloyd Education and Craft Science*，20（3）：1893–1774.

Ward，M.（1888），Slöjd at Nääs，*Journal of Education*，X（Dec）：562–563.

Ward，W.（1896），A short account of the early history of sloyd in this country，*Hand and Eye*，IV（40）：178–181.

Wienstein，Nicole（2016），Touch wood! *Nursery World*，19 September–2 October 2016：26–28.